메타버스의 미래, 초실감 기술

오감 만족 XR 기술이 펼치는 새로운 세상

메타버스의 미래, 초실감 기술

우탁 · 전석희 · 강형엽 지음

경희대학교 출판문화원

추천의 글

디지털 현실인 메타버스가 물리적 현실을 압도하는 시대가 열리고 있다. 물리적 현실의 모든 존재는 상대를 느끼고 실감하며 공존한다. 그런 공존을 통해 인류는 문명을 이룩해왔다. 디지털 현실에서 우리는 어떻게 서로를 느끼고 실감할 수 있을까? 디지털 현실이 또 다른 문명을 이룩하기 위해 풀어야 할 물음이다. 이 거대한 물음에 관한 해답의 실마리를 이 책에서 찾기 바란다.

김상균, 인지과학자, 경희대학교 경영대학원 교수, 『메타버스』 저자

이 책을 통해 촉감을 위한 햅틱 기술, 다중 사용자를 위한 네트워크 기술, 실제 세계를 디지털화하기 위한 ToF, 스테레오 비전 기법 등을 깊이 있게 이해할 수 있다. 메타버스에 대한 원론적인 이야기가 아닌, 실제 메타버스를 만들어가는 기술에 대해 궁금했던 분들에게 답해줄 수 있는 책이다.

이임복, 세컨드브레인연구소 대표, 『메타버스, 이미 시작된 미래』 저자

미래의 메타버스를 구체적이고 실제적으로 상상할 수 있게 만드는 책. 메타버스를 구현하는 데 가장 큰 비중을 차지하는 것이 초실감 기술이다. 바로 그 분야의 전문가들이 이론과 실제를 잘 융합하여, 어떤 식으로 메타버스가 구현될지, 그리고 그것을 우리가 어떻게 느끼게 될지 잘 풀어 설명해주고 있는 책이다.

이시한, 성신여자대학교 겸임교수, 서울디지털재단 자문위원, 『메타버스의 시대』 저자

피할 수 없으면 즐겨라. 이미 메타버스는 미래 기술과 함께 우리와 숨쉬고 있다. 메타버스를 실현시키는 미래 기술들을 혜안으로 풀어준 이 책은 메타버스에 올라타고 싶은 사람이라면 놓치지 말아야 할 필독서다. 흥미롭고 중요한 과학기술들을 쉽게 접근시켜준 덕분에, 이 책을 펼쳐 든 당신은 어느새 즐기면서 메타버스에 탑승하게 될 것이다.

퀀톨, 마인크래프트 유튜버(구독자 64만)

메타버스에 대한 단단한 기초를 제공하는 책. 현재 상황뿐만 아니라 지난 20년 동안의 메타버스 구축의 역사를 조망할 수 있는 동시에, 초실감 기술을 깊이 이해할 수 있게 하여, 메타버스의 미래를 이끌어갈 리더들을 준비시키는 책이다. 메타버스가 한순간의 유행이 아니라, 계속적으로 기술과 비즈니스 모델이 발전해나갈 분야임을 일깨워주는 책이다.

이경전, 경희대학교 경영대학 & 빅데이터응용학과 교수, 『세븐 테크』 공저자

메타버스 관련 서적의 홍수 속에서 이 책의 위치는 분명하고 내용 또한 단단하다. 메타버스가 약속하는 장밋빛 미래를 제시하는 전형적인 틀에서 벗어나, 메타버스를 실현하기 위한 기술적인 요소를 명쾌하게 집어주고 있다. 그러나 이 책을 즐기기 위해서 과학기술 분야 전문가일 필요는 없다. 세 명이 공저한 것인데도 마치 한 명의 저자가 저술한 듯 처음부터 끝까지 물 흐르듯 읽어 내려갈 수 있다.

원광연, KAIST 문화기술대학원 초대 원장 및 명예교수, 1세대 메타버스 연구자

코로나19 전염병의 영향으로 메타버스란 단어가 난무하고 있으나, 이는 아직 학술적인 체계가 정립되지 않은 분야로써 관련 학술적·기술적 구성 요소를 폭넓고 쉽게 설명하는 자료는 그동안 찾기 어려웠다. 이 책은 메타버스에 대한 전반적인 이해도를 높이는 데 큰 기여를 할 수 있을 것으로 기대된다. 바쁜 시간을 쪼개어 이 책을 저술한 세 명의 젊은 학자의 부단한 노력에 감사의 말을 전한다.

최승문, 포항공과대학교 컴퓨터공학과 교수

앞으로 인간은 메타버스라는 다목적 멀티 공간에서 생활하고 인생을 즐길 것이다. 따라서 메타버스는 다른 무엇보다 물리적 인터랙션을 통한 지능과 감성의 교환이 가능한 초실감 XR 기술에 기반을 둘 것이다. 이런 점에서 이 책은 매우 시의적절하다. 해당 분야의 최신 연구자들이 초실감 인터랙션이 무엇인지, 또한 초실감 인터랙션의 중요성 및 기술의 현재와 미래를 알기 쉽게 설명해주고 있다. 메타버스를 알려면 초실감을 이해하라.

김정현, 고려대학교 컴퓨터공학과 교수

메타버스는 현실과 가상의 융합 경제 플랫폼이지만 동시에 사람들을 서로 연결하고, 소통하고, 협력하도록 지원하는 소셜 플랫폼이기도 하다. 현실세계에서 사람 간의 연결, 소통, 협력에는 모든 감각기능이 동원된다. 시청각 중심인 메타버스의 한계를 넘어서기 위해서는 추가적으로 촉감 등 다양한 감각 정보가 활용될 필요가 있다. 메타버스 시장의 길목에서 촉감의 세계로 안내하는 안내서를 만날 수 있어 다행이다.

우운택, KAIST 문화기술대학원장

언제부턴가 여기저기서 멋진 신세계처럼 들려오고 있는 메타버스… 너무 모르면 안 되겠다는 생각에 책을 펼친 순간부터 Flow(깊은 단계의 몰입) 상태에 빠져들었다. 이 책은 메타버스의 개념에서 출발해 구현 기술을 거쳐 미래에 이르기까지 우리가 메타버스에 대해 알고 싶고, 알아야 하는 것들을 너무나 충실하게 다루고 있다. 리셋(Reset)과 종료가 없는 메타버스의 장밋빛 발전을 위해 우리는 이 책을 읽어야 할 것이다.

김대준, 방산고등학교 생명과학 교사

AI와 메타버스가 세상을 바꾸고 이끌어갈 기술로 전 세계적인 기대를 한 몸에 받고 있지만, 아직 기술적으로 해결해야 할 문제들, 즉 관련 산업과 시장의 성숙, 그리고 윤리적 문제들이 남아 있다. 이 책은 인간이 진정한 메타버스 세상을 즐기고 이용하기 위해 어떤 기술들의 연구와 발전이 필요한지, 무슨 문제들을 해결해야 할지를 구체적으로 제시하고 있다. 특히 XR/MR을 넘어서 햅틱과 같은 촉각 기술, 게이미피케이션 설계까지 아우르는 메타버스에 필수적인 초실감 기술들을 알기 쉽게 제시하고 있어 누구나 재미있게 읽어볼 수 있는 메타버스 전문서다.

전창배, IAAE 국제인공지능 & 윤리협회 이사장

현재의 메타버스는 제한된 현실공간 자원으로 초실감적인 상호작용 부분에서는 한계가 있다. 이 책에서는 한계가 없는 메타버스 세계를 실현하기 위해 XR 기술, 시청각, 촉각 등을 현실화하여 전달할 수 있는 햅틱 기술을 제시한다. 메타버스 플랫폼에서 지속적으로 몰입할 수 있도록 설계하고 게이미피케이션 기술로 완성하여 우리나라 메타버스 시장이 나아가야 할 방향을 제시했다.

오용환, 글로벌메타버스개발원장, 경남메타버스협의회장

이 책은 메타버스를 실현시키는 미래 기술을 소개해 메타버스의 과거와 현재, 미래를 이해하고 메타버스를 연구하는 데 많은 도움이 될 것이다. 특히 메타버스의 핵심 구성 기술과 초실감 기술을 상세히 분석·제시함으로써 메타버스의 미래 발전과 활용 활성화에 크게 기여할 것이다. 이에 메타버스 연구자와 사용자들의 일독을 적극 권한다.

안종배, 국제미래학회 회장, 대한민국 인공지능메타버스포럼 공동회장

메타버스 시대가 도래했음에도 인지를 못 하거나, 미래보다는 한계를 언급하고 부정적인 생각을 지닌 분들이 꼭 읽어볼 만한 책이다. 메타버스의 미래는 초실감 기술의 발전과 같이할 것이다.

최재용, 한국메타버스연구원 원장

이 책은 메타버스라는 용어가 있기 전 시대의 기술부터 메타버스를 탄생시킨 기술들의 발전 과정을 다양한 사례들과 함께 일목요연하게 압축하여 소개하고 있다. 메타버스 서적들을 읽을수록 다양한 관점 속에서 혼란스러웠을 독자들에게, 이 책은 변화의 흐름을 기술의 관점에서 이해하고 다가올 메타버스 세상을 스스로 상상할 수 있는 충분한 지식을 제공한다. 일반인은 물론이고, 메타버스 관련 업계 종사자들에게도 이 책을 적극 추천한다.

장한용 박사, 엔씨소프트, AI 센터 소속 그래픽 리서치 디렉터

프롤로그

비대면 시대, 메타버스는 우리 삶을 어떻게 변화시킬까

인터넷, 모바일 시대를 넘어 메타버스 플랫폼 시대가 도래했다. 전 세계적으로 메타버스에 대한 기대가 커지고 있으며, 글로벌 시장에서는 빅테크 기업들의 메타버스 플랫폼 선점 경쟁이 한창이다. 페이스북이 사명을 '메타'로 바꿀 정도로 가장 적극적인 행보를 보이며, 구글과 애플 등 글로벌 빅테크사들이 앞다퉈 참전하면서 경쟁은 더 치열해지고 있다. 나라별로 막대한 예산을 들여 연구와 투자가 이루어지고 있으며, 무서운 속도로 교육, 정치, 사회, 문화, 예체능, 엔터테인먼트 등 다양한 분야에서 메타버스 열풍이 불고 있다. 메타버스가 도대체 무엇이길래 전 세계 사람들이 이토록 열광하는 것일까?

메타버스(Metaverse)는 초월, 가상을 뜻하는 '메타(Meta)'와 우주, 세계를 의미하는 유니버스(Universe)의 합성어로, 가상현실 세계를 의미한다. 즉 현실의 나를 대신한 아바타가 디지털 세상에서 소통하는 기술이다. 시공간을 초월해 가상세계 내에서 경제·사회·문화 활동 등이 모두 가능한 것이 특징이다. 메타버스는 사실 최근 등장한 것이 아니라 40여 년 전부터 존재해왔지만, 코로나19로 비대면 소통이 강조됨에 따라 메타버스라는 새로운 용어로 재조명되면서 날개를 달았다.

사실 불과 몇 년 전까지만 하더라도 메타버스에 대한 사람들의 관심은 그리 높지 않았다. 언론이나 매체 등에서 VR(가상현실)이나 AR(증강현실), 그리고 최근에는 MR(혼합현실)과 XR(확장현실)이라는 용어가 자주 등장하곤 했지만, 실질적으로 일반 대중에게 하나의 문화로서 딱히 직접 와닿는 분야는 아니었다. 가상현실 연구자들 대부분이 아마도 비슷한 경험을 했을 텐데, 필자 중 한 사람도 특히 게임 콘텐츠를 연구하고 있어서, 상당히 오랫동안 게임의 공략법을 연구하는 사람으로 오해받기도 했다. 당시 가상현실 분야에 대한 대중적 인지도는 매체를 통한 노출 빈도와 비교하면 매우 낮은 수준이었다. 사실 아직도 일반인들에게는 VR과 AR을 구분하는 것이 결코 쉬운 일이 아니다. 여기에 MR과 XR이라는 개념까지 더해지면서 일반 대중에게 가상현실이란 매우 이해하기 복잡한 개념이 되었다.

게다가 코로나19 이전까지만 하더라도 가상현실 기술은 일부 엔터테인먼트 영역이나 교육 영역에서 하나의 콘텐츠 선택 옵션 정도에 불과했으며, 정기적으로 사용하는 사람은 매우 드물었다. 하지만 코로나19로 비대면 시대가 열리면서 어렵고 멀게만 느껴졌던 가상현실 기술이 현실적으로 일반 대중에게 다가가기 시작했다. 교육/훈련 분야에서부터 비대면 콘텐츠, 즉 가상현실 기술을 활용한 콘텐츠가 일부가 아닌 필수로 활용되기 시작하면서, 가상현실은 짧은 기간에 대중 친화적 문화로 자리 잡기 시작했다. 또한 K-콘텐츠의 글로벌 위상이 높아지면서 메타버스를 통한 콘텐츠 가치의 확장 가능성도 열렸다.

이러한 비대면과 가상현실 기술의 만남은 오랫동안 콘셉트로만 존재했던 메타버스라는 플랫폼에 관한 관심으로 연결되었다. 다양한 콘텐츠와 플랫폼이 조명받기 시작했으며, 과거부터 존재했던 플랫폼이 재조명되기도 했다. 특히 메타버스에 대한 다양한 용어와 해석이 난무하기 시작했다. 가상현실이나 메타버스라는 기술이 하나의 문화로 받아들여지기 위해 40년이 넘은 시간 동안 천천히 진화해왔다면, 최근 2~3년 사이에 40여 년 동안 대중적으로 받아들여지지 못하던 것들이 한순간에 문화화된 것이다. 가상현실 분야의 연구자로서 우리가 연구하는 기술이 하나의 문화로 자리 잡기 시작했다는 것은 분명 반길 일이긴 하나, 난립하는 정의와 해석, 그리고 오해가 오히려 메타버스로 정의되는, 어쩌면 가상현실 연구의 가장 중요한 지향점을 한순간에 무너뜨릴 수 있다는 생각도 들었다.

메타버스 세상이 완전히 실현되는 데는 아직 넘어야 할 산이 많다. 메타버스 열풍을 타고 로블록스, 제페토, 포트나이트, 마인크래프트, 모여봐요 동물의 숲 같은 게임이 주목받고 있지만, 아직은 우리가 상상하던 SF 영화 속 메타버스와는 거리가 멀다. 가상현실을 현실처럼 느끼게 해주는 촉감 구현의 한계, 몰입을 방해하는 기기 장치의 무게 등 기술적인 한계가 존재한다.

이미 다가온 메타버스 시대를 슬기롭게 준비해야 한다. 메타버스를 올바로 이해하기 위해서는 메타버스를 실현시키는 과학기술에 대한 이해가 선행되어야 한다. 메타버스가 현실과 가상현실을 이어주는 '기술 융합의 결과물'인 만큼 블록체인, 혼합현실 등 기술을 융합하는 것이 중요하다. 메타버스로 공간에 대한 인식이 달라지고 출근, 구매, 여가 등 삶이 변화함에 따라 그에 맞는 법 제도와 규제 정책도 필요해 보인다. 메타버스에 대한 잘못된 해석과 오해도 바로잡아야 할 것이다.

비대면 시대에 메타버스가 급부상함에 따라 그동안 많은 메타버스 관련 책이 쏟아져 나왔다. 하지만 경제 전문가가 쓴 경제경영서 또는 메타버스에 대한 이해를 돕는 개론서가 대부분으로, 과학적인 시각에서 메타버스를 실현시키는 기술을 이해하기 쉽게 쓴 책은 없었다.

이 책의 집필진은 모두 가상현실 분야의 권위자들이다. 메타버스가 뜨기 몇 년 전부터 현실감과 현존감*, 몰입도가 높은 새로운 가상현

* 現存感, Presence: 특정 매개체를 통해 제시되는 환경에서 매개체의 존재를 인식하지 못하는 상태에서 사물의 존재 자체에 대해 개인이 주관적으로 느끼는 인지적 감각. 원격현존감, 가상현존감, 매개된 현존감 등으로 불리기도 한다.

실 플랫폼과 콘텐츠를 만들기 위해 많은 의견을 나누며 공동 연구를 준비하는 상황이었고, 메타버스의 발전 방향에 대해 같은 지향점을 가지고 있었다. 메타버스를 실현해주는 과학기술을 깊이 있게 소개하는 책의 필요성을 절실히 느끼고 있었지만 시간적 여유가 없어 책을 낼 엄두를 못 내고 있었다. 그러던 2021년 여름, 더 늦어지기 전에 오랜 연구를 통해 얻은 지식과 경험을 책에 담기로 마음먹고 세 사람이 의기투합했다. 레트로 게임을 함께 즐기며 머리를 맞대고 논의에 논의를 거듭해 원고를 작성했다. 모두들 바쁜 와중에도 학기 중에 짬짬이 시간을 내어 드디어 집필을 마무리할 수 있었다.

가상현실 연구 분야는 매우 다양한데, 이 책의 집필진은 그중 게임/가상현실 콘텐츠 전문가, 컴퓨터 그래픽스 전문가, 그리고 햅틱 전문가로 구성되었다. 가상현실 기술을 기반으로 실질적으로 사용자들이 직접 활용할 수 있는 콘텐츠를 연구하고, 이러한 아이디어가 가상으로 구현될 수 있도록 VR/AR/MR/XR 등의 가상현실 그래픽스 기술을 연구하며, 가상현실에서의 다양한 경험이나 자극이 햅틱 디바이스를 통해 사용자에게 전달되어 좀 더 현실적인 경험을 할 수 있도록 돕는 햅틱 연구를 하는 연구자들이다.

이 책에서는 메타버스에 활용되는 가상현실, 증강현실 기술과 메타버스 세계관 구현에 기반이 되는 게이미피케이션을 소개하고, 메타버스 플랫폼이 실제 사회, 문화, 교육에 적용된 사례와 이에 따른 장단점을 분석한다. 이러한 메타버스 플랫폼에 대한 대안으로 더욱더 현실적인 가상세계 구현을 위한 XR 기술, 시청각을 넘어 촉각 전달을 현실화할 수 있는 햅틱 기술, 메타버스 플랫폼에서의 지속적인 몰입구조 설계를 위한 게이미피케이션 기술로 완성되는 초실감* 기술 메타버스 플랫폼을 제시한다. 마지막으로 우리나라 메타버스 시장이 나아가야 할 방향을 모색한다.

메타버스를 실현시키는 미래 기술을 통해 메타버스의 과거와 현재, 그리고 미래를 제시하는 이 책이 가상현실과 메타버스 연구에 작은 도움이 되길 바란다. 이 책을 읽는 독자들이 메타버스에 대해 올바로 이해하고, 메타버스를 실현시키는 기술에 관심과 흥미를 갖게 되어 메타버스 연구자들이 많이 나오길 바라는 마음 가득하다.

2022년 5월

우탁, 전석희, 강형엽

* 超實感: 사람의 오감이 최대한 사실적으로 만족되어 사실과 가상의 경계가 느껴지지 않을 만큼의 현장감(Presence)이 제공되는 상태.

차례

02 메타버스를 가능하게 하는 마법: 메타버스 구성 기술

03 메타버스의 한계, 초실감으로 극복한다

04 초실감 메타버스의 미래

META

01

현실에 판타지를 결합한 가상세계, 메타버스

VERSE

어느 순간부터 메타버스라는 용어가 우리 삶의 여러 분야에 언급되기 시작했다. 특히 코로나19로 비대면 시대가 열리면서 일부 전문가뿐만 아니라 일반인들도 화상회의, 가상현실 등을 일상생활에서 쉽게 접하게 되었으며, 메타버스라는 용어도 자주 언급되기 시작했다.

메타버스는 가상현실 분야의 획기적인 기술로 불리기도 하고, 놀이와 소통을 포함하는 새로운 비대면 문화의 대표 주자로 언급되기도 한다. 또한 교육, 정치, 사회, 문화, 예체능, 엔터테인먼트 같은 분야에서 새로운 플랫폼으로 각광받고 있다. 하지만 새로운 기술과 문화로 언급되는 것만큼이나 메타버스에 대한 부정적인 견해도 많이 언급되고 있는 것이 사실이다.

예를 들어, 기존의 온라인 게임과 다를 바 없다든지, 특별히 재미있게 즐길 거리가 충분하지 않다든지, 아바타 꾸미기 말고는 할 것이 없다든지, 플랫폼으로서 활용도가 떨어진다든지, 지속적인 몰입이 어렵다고 하는 등, 긍정적인 의견만큼이나 부정적인 의견이 많이 존재한다. 결국, 이러한 현상은 메타버스라는 새로운 기술과 문화에 대한 정확한 정의와 정보 전달이 부재함에 따라 발생하는 문제라고 볼 수 있다.

따라서 1장에서는 메타버스의 탄생 배경, 메타버스의 정의와 주요 특성, 메타버스의 다양한 활용 분야, 메타버스의 역사와 발전 과정을 살펴볼 것이다. 누구나 쉽게 메타버스에 대해 전반적으로 이해할 수 있도록 구성했으며, 메타버스에 대한 다양한 정보를 최대한 담기 위해 노력했다. 메타버스가 우리 삶에 얼마나 강력한 영향력을 발휘하는지 함께 살펴보자.

METAVERSE

1. 메타버스는 어떻게 탄생했을까?

1) 메타버스란 무엇인가

어릴 적 TV에서 〈환상특급〉(1985)이라는 미드를 본 적이 있다. '꿈을 팝니다(Dreams for Sale)'라는 에피소드였는데, 현실과 꿈을 넘나드는 이야기가 충격적이었다. 한 여인이 자상한 남편, 사랑스러운 아이들과 피크닉을 나와 행복한 오후를 보내고 있다. 그런데 남편은 했던 말을 반복하고, 가족의 행동이나 말이 불안정해 보이기 시작한다. 괴상한 현상에 비명과 고통에 휩싸여 깨어난 곳은 미래 세계였다. 현실처럼 보이던 장면들이 사실은 캡슐 형태의 디바이스에 들어가 있는 미래 세계 사람들이 꿈꾸는 가상의 경험이었던 것. 이 에피소드에 나왔던 수면 캡슐 형태의 디바이스가 지금으로 치면 가상현실 접속 장치인 셈이다.

미드 〈환상특급〉(1985) 에피소드 중 하나인 'Dreams for Sale' 유튜브 영상 캡처

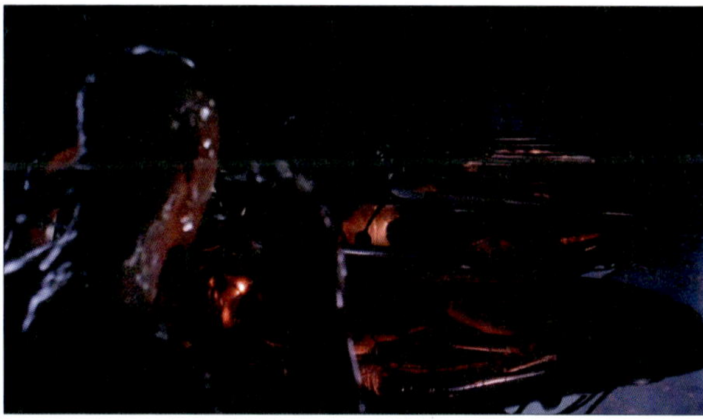

영화 〈매트릭스1〉(1999) 영상 캡처 © 워너브라더스

이것이 '현실 같은 가상세계'를 미디어를 통해 처음 접했던 기억이다.

이후 1990년대 말에 〈매트릭스〉(1999)라는 영화를 만났다. 현실인 줄 알았던 세계가 알고 보니 가상현실이었고, 뇌에 직접 연결되는 디바이스를 통해 사람들이 현실 같은 가상세계에서 생활한다는 내용이었다. 당시 충격적인 반전으로 센세이션을 일으켰지만, 그전에 이미 〈환상특급〉을 접했었기 때문에 '가상현실'을 다룬 것임을 쉽게 예측할 수 있었다. 사실 1990년대까지만 해도, '현실 같은 가상세계'로 접속하는 데 필요한 장치들은 〈환상특급〉이나 〈매트릭스〉 같은 SF 영화 속에서나 존재하는 것들이었다. 당시 영화를 본 관객 대부분은 이 '현실 같은 가상세계'를 먼 훗날의 이야기, 혹은 말 그대로 SF 소설에나 나올 법한 상상으로만 생각했을 것이다.

〈매트릭스〉 이후로도 '현실 같은 가상세계'를 소재로 한 다양한 콘텐츠들이 등장했다. 특히 VR 헤드셋인 Head Mounted Device(HMD)가 발전하면서 사람들은 좀 더 구현 가능한 방향으로 상상의 나래를 펼치기 시작했다. 어느 정도 현실화할 수 있는 상상력이 스티븐 스필버그의 영화 〈레디 플레이어 원〉(2018)이나 넷플릭스 드라마 시리즈인 〈블랙미러〉(2011) 에피소드 등에서 다양하게 표현되었다.

애니메이션에서도 메타버스라는 용어가 직접 언급되지는 않지만, 메타버스를 활용한 가상세계를 다룬 다양한 작품들이 나오고 있다. 대표적인 애니메이션으로 〈소드 아트 온라인〉이나 〈로그 호라이즌〉을 들 수 있다. 물론 만화적인 상상력이 더해져, 다른 세계로 가서 새로운 경험을 하는 '이세계물'로 취급되기도 한다. 하지만 〈소드 아트 온라인〉에서는 HMD 장비를 착용하고, 현실처럼 느껴지는 가상세계에 접속하며, '사용자(유저) 아바타의 성장이 메타버스 환경 내의 다양한 콘텐츠에서 연계된다'는 메타버스 아바타와 비슷한 개념이 등장한다. 즉 가상의 자아지만, 단순히 특정 게임의 캐릭터가 아닌 사용자를 대표하는 자아로써 다양한 게임에서 사용자의 자아를 표현한다(약간의 외형 변

극장판 〈소드 아트 온라인〉 영상 캡처 © 애니플러스

화, 역할 변화, 무기의 변화는 있지만 사용자가 메타버스에서 얻은 능력과 경험은 공유된다). 이는 기존의 게임 아바타와는 달리, 메타버스에서의 사용자 아바타 개념과 유사하다.

게임의 아바타가 특정 게임만을 위한 캐릭터라면, 메타버스의 아바타는 메타버스 내의 다양한 콘텐츠를 소비하는 사용자 자신이다. 즉 메타버스의 아바타는 필요에 따라 사용자 자신이 되기도 하고, 특정 콘텐츠에서는 특정 역할을 맡기도 한다. 따라서 여러 역할을 수행하지만, 나를 대신하는 아바타에 따라 역할이 바뀌는 것뿐이지 나 자신이 변하지는 않는다. 우리는 게임을 위해 여러 캐릭터를 생성하거나 주어진 캐릭터를 이용하지만, 메타버스 내에서는 사용자 아바타가 하나다. 새로운 캐릭터가 생성되거나 하는 일 없이 역할만 바꿀 뿐이라, 아바타의 본질 자체는 변하지 않는다.

또한 〈소드 아트 온라인〉이나 〈로그 호라이즌〉에서는 온라인 게임에서 흔히 볼 수 있었던 사용자들 사이의 소통의 문제를 넘어, 사용자와 게임 안에서만 존재하는 가상의 존재인 논플레이어 캐릭터(Non Player Character, NPC)와의 소통과 관계에 대해서도 언급되었다. 메타버스는 사용자들의 아바타를 통한 소통이 기반이 되지만, 가상세계이기 때문에 NPC의 역할이 중요하다.

기존 게임에서 NPC의 역할은 게임의 이야기 구성을 위한 오브젝트에 불과하거나, 연극에서 엑스트라와 같은 비중이었다. 그래서 NPC는 대부분 기본적인 대사만 반복할 뿐이다. 하지만 메타버스에서 NPC의 역할은 현실과 같은 가상세계를 위해 더욱 다양해질 것으로 예측된다. 마치 현실세계에서 AI, 로봇, 앱 등이 우리의 편의를 돕듯, 메타

『스노 크래시』 © 문학세계사

버스 내에서는 이러한 NPC들이 사용자들의 편의를 위해 여러 역할을 수행하게 될 것이다. 이를 위해서 NPC들은 기존의 게임에서처럼 '혼 없는 대화'만을 하는 것이 아니라, 마치 사람과 같이 '혼 있는 대화'(NPC Soul)가 가능한 존재가 되어야 할 것이다. 이러한 NPC Soul은 딥러닝 등의 발전으로 가능할 것으로 예상되며, 이미 다양한 시도가 이루어지고 있다.

이처럼 컴퓨터 그래픽을 통해 구현된, 사용자가 현실로 착각할 만큼의 '현실적인 가상세계'가 메타버스라는 이름으로 처음 불린 것은 닐 스티븐슨(Neal Stephenson)이 1992년 출간한 소설 『스노 크래시(Snow Crash)』에서였다. 앞에서 언급한 드라마나 영화, 애니메이션 등도 결국 이 『스노 크래시』에서 메타버스라고 명명한 '현실적인 가상세계'를 표현한 것이다. 각각 불리는 명칭은 다르지만, 기술적으로 보이거나, 혹은 완전 공상으로 보이기도 하고, 때로는 철학적이기도 한 여러 아이디어는 결국, 우리가 앞으로 추구해야 할 가상세계에 대한 방향성을 제시해왔다. 2000년대 초반까지는 〈매트릭스〉(1999)가 더 유명한 고유명사였을지도 모르지만, 30년이 지난 지금 메타버스는 우리가 다양하게 상상하고, 그 상상을 현실화하기 위해 노력했던 '현실 같은 가상세계'를 대표하는 명칭으로 사용되고 있다.

2) 메타버스의 구성 요소

메타버스로 통용되기 시작한 '현실 같은 가상세계'는 SF 영화나 소설에서 볼 수 있듯이 사용자가 현실로 착각할 정도로 실재감이 있는 가상세계, 현실과 같은 현존감을 느끼게 해주는 가상의 자아인 아바타와 사용자의 실제적인 상호작용 등으로 구현된다. 이러한 메타버스를 2006년 미국의 비영리 기술연구단체인 ASF(Acceleration Studies Foundation)에서는 크게 Augmented Reality(AR), Mirror Worlds(거울세계, 미러 월드라고 부르기도 한다), Life logging(라이프로깅)*, Virtual Worlds(가상세계) 4가지로 구분했다.

Augmented Reality(AR)는 '포켓몬 GO'(2017)로 대중에게 익숙해진 '증강현실'을 말한다. 즉 현실에 문자나 그림 등 가상의 물체나 정보

* 사물과 사람에 대한 일상적인 경험과 정보를 텍스트, 이미지, 영상 등으로 기록해 저장, 묘사하는 기술.

AR에 대한 아이디어를 처음 떠올린 『오즈의 마법사』 저자 라이먼 프랭크 바움 © 위키피디아

'포켓몬 GO' AR 모드에서 나무지기를 포획하는 모습 © 위키백과

를 더하는 가상현실을 의미한다. AR에 대한 아이디어를 처음 떠올린 사람은 『오즈의 마법사(The Wonderful Wizard of Oz)』 저자로 유명한 라이먼 프랭크 바움(Lyman Frank Baum, 1856~1919)이다. 라이먼 프랭크 바움은 1901년 출간한 책 『마스터 키(The Master Key)』에서 현실세계를 비춘 영상에 사람이 만든 데이터를 덧붙여 표시하는 '캐릭터 마커(Character Marker)'라는 전자 장치에 대해 처음으로 언급했다.

> "너에게 성격 표시기를 주마. 바로 이 안경이지. 이 안경을 쓰는 동안, 네가 만나는 모든 사람은 머리 위에 성격을 드러내는 글자가 표시된다. 착한 사람은 G(Good), 나쁜 사람은 E(Evil), 현명한 사람은 W(Wise), 멍청한 사람은 F(Foolish), 친절한 사람은 K(Kind), 잔인

ASF의 메타버스 분류

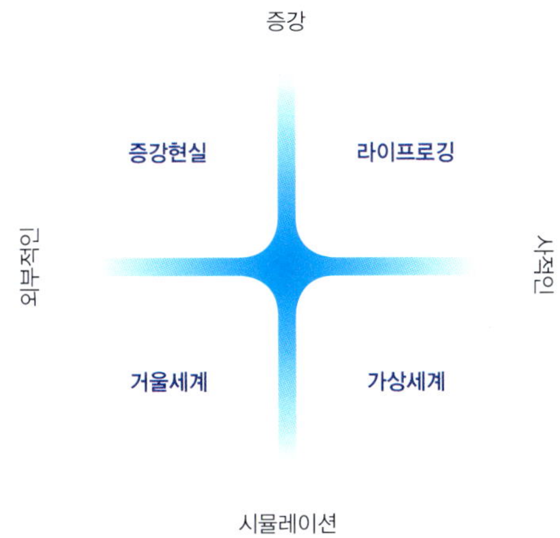

> 한 사람은 C(Cruel). 너는 이제 만나는 사람의 진정한 본성을 바로 알 수 있을 거야."
>
> _『마스터 키』

AR이라는 용어를 최초로 언급한 사람은 1990년 항공기 제조사 보잉의 기술자 톰 카우델(Tom Caudell)이다. 초창기 AR 기술은 전투기 조종석 등 군수산업과 자동차, 항공기 제조산업에 주로 이용되었다. 1992년 미국 암스트롱 공군연구소가 버추어픽처(Virtual Fixtures)라는 AR 시스템을 개발했다.

2007년에는 AR 게임 '더 아이 오브 저지먼트(The Eye of Judgment)'가 플레이스테이션3으로 출시되었다. 카드 배틀 게임으로, 카메라를 통해 사용자가 손에 든 카드를 인식해 현실을 게임 속에 반영하는 게임이다. 아이폰이 보급되기 시작한 2009년 출시된 세카이카메라(Sekai

Camera)는 AR을 이용한 메시지 앱으로 주목받으며, AR 기술을 사용한 커뮤니케이션 도구의 가능성을 보여주었다. 2017년 출시된 모바일 AR 게임 포켓몬 GO 역시 카메라와 GPS 위치 기반 정보 기술을 사용해 마치 현실세계에 포켓몬이 있는 것처럼 만들어냈다.

AR을 활용한 TV 스포츠 중계 등은 우리 주변에서도 쉽게 볼 수 있다. 축구 경기 중계에서 프리킥 위치와 골대 사이의 거리를 보여주는 그래픽 이미지, 수영이나 육상 경기 중계에서 선수별 트랙에 출신 국가의 국기와 선수의 이름을 보여주는 것도 모두 AR에 포함된다.

메타버스를 하나의 형태로 시각화한 ASF의 메타버스 분류를 살펴보면, AR은 대각선 반대쪽에 있는 가상세계(Virtual Worlds)와 비교했을 때 보이는 형태가 외부적(External)이고 현실과 결합 혹은 증강되는(Augmentation) 형태를 의미한다. '포켓몬 GO'를 예로 들어보자. 우리가 흔히 일반적인 디지털 게임을 개인 공간에서 즐기는 데 비해, '포켓몬 GO'는 야외에서 스마트폰 카메라를 통해 실제 환경을 비추고, 여기에 증강되는 컴퓨터 그래픽으로 구현된 가상의 포켓몬을 잡는 방식으로 게임이 진행된다.

AR과 정반대로 Virtual Worlds(가상세계)는 우리가 흔히 가상현실, 즉 VR이라고 부르는 것이다. 1990년대에 가상현실의 할아버지라 불리는 토마스 퍼니스(Thomas Furness III)는 가상현실에 대해 다음과 같이 말했다.

"가상환경 테크놀로지는 인간이 참여할 수 있는 3차원 세계를 컴퓨터가 만들 수 있게 해주는 수단을 제공한다. 이 세계는 가상으로 감각에 투영된 것이기는 하지만 보고, 듣고, 만질 수 있는 3차원의 물체

토마스 퍼니스 ⓒ 위키피디아

로 구성된다."

즉 가상현실이란 인간의 감각기관을 속여서 인공적으로 만든 세계를 경험하고 상호 대화를 통해 정보를 주고받는 것을 의미한다. 이는 모니터의 형태로 보일 수도 있고, 머리에 착용하는 디스플레이인 HMD의 형태로 보일 수도 있다. 모니터나 HMD의 형태로 보인다는 것은 매우 개인적인 환경(Intimate)에서 가상세계로 접속하는 것을 의미한다. 다시 말해, 현실에 증강되는 AR과는 달리 100% 컴퓨터에 의해 가상으로 구현되는 것(Simulation)을 말한다. AR은 현실세계에 컴퓨터 그래픽 등의 정보를 입힌 것이지만, 가상현실은 100% 새롭게 만들어낸 영상 공간인 것이다. ASF의 메타버스 분류에서 알 수 있듯이 가상세계는 AR과 함께 메타버스가 보이는 형태를 구분하는 요소다.

가상현실의 역사는 AR보다 오래됐다. 스테레오스코피(3차원 기술), 양안시차(왼쪽 눈과 오른쪽 눈이 보는 모습이 다르게 보이는 것) 등 가상현실의 기초인 입체영상 기술의 개념은 19세기부터 존재했다. 홀로그램 영상과 촉각, 후각에 대한 가상 경험을 묘사한 SF 소설 『피그말리온의 안경(Pygmalion' Spectacles)』(1935)에서도 가상현실이 소개되었다.

Lifelogging(라이프로깅)의 사전적 의미는 인생을 의미하는 life와 일기를 뜻하는 log가 합쳐진 것으로, 개인의 인생을 기록하는 형태를 의미한다. 1945년 바네바 부시(Vannevar Bus, 1890~1974)를 통해 처음 언급된 라이프로깅은 사진을 찍어서 간단한 설명글과 함께 업로드해 개인의 일상을 공유하는 SNS의 형태로 발전했다. 그러다 스마트 디바이스가 발달하면서 자동으로 저장되는 데이터의 종류가 폭발적으로 증가했다. 이는 메타버스의 발전과 함께 더욱 다양하게 활용될 것으로 기대된다.

Mirror Worlds(거울세계)는 우리의 현실세계를 (거울에 비춘 것처럼) 가상세계로 그대로 옮긴 것을 의미한다. 현실의 공간이나 사람을 가상세계에 쌍둥이처럼 구현했다는 의미의 디지털 트윈(Digital Twin)과 비슷한 맥락으로 이해하면 된다. ASF의 메타버스 분류에서 거울세계와 라이프로깅을 반대로 배치한 것을 보면, 2006년 당시에는 현실을 그대로 가상으로 옮긴 거울세계와 SNS처럼 현실에서 디지털 기술을 활용해 소통하는 라이프로깅을 각기 다른 형태로 분리한 것으로 보인다. 즉 완전한 가상세계에서의 상호작용과 현실에서의 SNS를 통한 상호작용(소통)을 구분했다. 하지만 초기의 라이프로깅이 개개인의 기록에 의지하는 SNS를 기반으로 했다면, 스마트폰, 스마트워치 등 웨어러블(Wearable) 디바이스가 대중화되고 센서가 발전함에 따라, 현재의 라이프로깅은 개인의 자발적인 기록을 넘어서게 되었다. 위치, 사진, 걸음 수, 심박수, 취향(접속 빈도수) 등 다양한 정보가 자동으로 기록되고 있는 것이다. 다양하고 엄청난 양의 정보가 확산됨에 따라 현재의 라이프로깅은 일기나 SNS 같은 단순 기록이 아닌, 완전히 새로운 개인 맞춤형 서비스나 콘텐츠를 의미하게 되었다. 2006년과 달리 현재의 메타버스에서 라이프로깅은 거울세계를 더욱더 풍족하게 하는 기초 자료로 활용되고 있으므로, 따로 분리하기보다는 동등하게 중요한 메타버스 구성 요소로 보는 것이 맞다. 즉 라이프로깅으로 얻은 위치정보를 통해, 가상이지만 내가 현실에서 생활하는 공간들이 거울세계 안에서 컴퓨터 그래픽으로 구현되고, 내 건강정보 등의 데이터가 거울세계 안의 또 다른 자아인 아바타에 반영될 수 있다(개인의 신체 데이터가 반영되어, 아바타의 외형이 바뀔 수도 있다).

3) 메타버스를 이루는 주요 특성

그렇다면 메타버스는 어떤 특성을 지니고 있을까? 다른 전문가들이 메타버스의 특성에 대해 뭐라고 말하는지 살펴보자. 황경화·정주연·권오병(2021)은 메타버스의 특성을 이루는 요소로 가상세계와 현실의 연결성, 새로운 자아의 형성, 관계성, 사회성이 강화된 가상세계, 모든 것이 기록되며 자신에 대한 정보 공유가 가능한 투명성을 언급했다. 김상균(2021)은 일반적인 인터넷·모바일 플랫폼과 구분되는 메타버스의 주요 특징으로 스파이스(SPICE) 모델, 즉 연속성(Seamlessness), 실재감(Presence), 상호운영성(Interoperability), 동시성(Concurrence), 경제성

(Economy)이라는 5가지 요소를 언급했다. 이는 메타버스 내에서 경험의 연결·연계, 실재감, 가상과 현실세계의 연결, 동시 자동접속, 경제활동 등이 가능함을 의미한다.

전문가들이 공통으로 언급하고 있는 메타버스의 특성을 정리하면 다음과 같다.

① 메타버스 내에서 아바타 경험의 연계·성장

사용자 아바타를 통한 경험의 연계를 의미한다. 앞에서 언급했듯이, 기존의 게임처럼 콘텐츠에 따라 새로운 캐릭터가 생성되는 것이 아니라, 메타버스 세계의 사용자를 대변하는 하나의 아바타로 다양한 게임을 하고 소통하며, 콘텐츠를 소모하고, 쇼핑 등의 경제활동을 하는 것이다. 즉 콘텐츠의 종류에 따라 사용자의 역할이 잠시 바뀔 뿐, 메타버스 내 사용자 아바타의 본질은 바뀌지 않으며, 아바타의 경험과 성장은 연계된다.

② 현실감, 실재감, 그리고 현존감

가상현실 기술의 발달에 따른 시청각적인 현실감도 중요하지만, 메타버스는 지금까지 게임에서 경험할 수 있었던 현실적인 그래픽과 입체음향 등을 통한 '즉각적인 몰입(Immersion)'을 넘어서야 한다. 현실을 그대로 옮겨놓은 듯한 디지털 트윈 기반의 가상세계(거울세계)에서 다른 사용자와의 상호작용을 통해 실재감을 느껴야 하는 것이다. 궁극적으로는 현실 속 몸의 움직임과 표정이 가상세계에 구현되고, 가상세계에서의 물리적인 상호작용이 다양한 디지털 피드백의 형태로 사용자에게 안전하게 전달되어, 현존감을 제공해야 한다. 다시 말해 현실에서의 소통처럼, 사용자의 감정이나 상황이 가상세계에서도 자연스럽게 아바타를 통해 표현되어야 한다. 이러한 소통 방식은 기존의 게임에서 사용하던 제스처나 이모티콘보다 더 현실적으로 사용자 자신의 상황을 표현할 수 있다. 사용자들의 자연스러운 감정 표현을 통한 소통은 실재감을 매우 높여준다. 즉 기존의 키보드, 마우스, 조이패드 등을 통한 비직관적 상호작용이 아닌, 직관적인 상호작용이 메타버스의 개념에 더 가깝다. 이러한 직관적 상호작용은 버튼을 누르는 기호적 행동이나 비직관적 상호작용을 이용한 가상체험이 아니라, 사용자가 의식하지 못하는 자연스러운 움직임이나 표정의 변화를 그대로 표현하여 '내가 마치 실제로 가상세계에 있는 듯한' 현존감을 높여준다.

③ **현실과의 연결**

기존의 게임들이 게임만을 위한 자아인 게임 아바타를 이용하고, 이러한 아바타들은 익명성으로 인해 현실의 자아와 연결되지 않고 있었다면, 메타버스 내에서는 현실과 가상세계의 자아가 연결되어야 한다. 이는 라이프로깅을 통한 데이터의 연결뿐만 아니라, 현실에서 사용자의 소셜 서클과도 연결됨을 의미한다. 게임과는 달리, 메타버스는 현실에서의 공간적·시간적 한계를 극복해 현실과 연결된 것이므로, 현실과 단절되고 분리된 가상세계를 의미하지 않는다. 사용자는 메타버스를 통해 현실에서 상황적·공간적으로 불가능한 회의를 사용자의 직장 동료와 진행하거나, 직접 체험할 수 없는 체험교육이나 원격강의를 수강하거나(혹은 메타버스를 이용한 교수자가 될 수도 있다), 메타버스 세계에서 다양한 경제활동을 할 수도 있다. 즉 자연스러운 현실의 연결과 확장이라는 점이 기존 게임과의 차이점이다.

이와 같은 특징 외에도, 사용자의 지속적이고 자발적인 몰입도 중요하다. 앞에서 언급한 현실감, 실재감 등이 '즉각적인 몰입', 즉 Immersion을 높여준다면, 직관적인 상호작용이나 피드백 장치들을 통해 '실제로 가상공간에 사용자가 있는 듯한' 현존감은 즉각적 몰입뿐만 아니라 현실의 연장 같은 어느 정도의 자발적인 몰입을 높여준다. 하지만 지속적이고 자발적인 몰입을 위해서는 Flow가 의미하는 보다 깊은 단계의 몰입도 필요하다. Flow는 칙센트 미하이(Mihaly Csikszentmihalyi, 1934~2021)가 처음 제시한 용어로, 무아지경과 같은 초집중, 초몰입의 상태를 의미한다. 보통 이러한 Flow는 자신의 능력과 도전과

칙센트 미하이 © 위키백과

제가 어느 정도의 밸런스를 유지할 때 발동한다. 이는 너무 어렵거나 쉽지 않은 적당한 일(업무뿐만 아니라 취미생활도 포함), 혹은 내가 좋아하고, 잘하는 취미생활을 할 때, 오랜 시간 지루함을 느끼지 않고 몰입하여 즐기는 상태를 의미한다. 이러한 Flow는 게임에서 과몰입하는 상태를 설명하는 용어로 많이 언급되기도 했으나, 이러한 지속적이고 자발적인 몰입은 어떻게 활용되느냐에 따라 평가가 달라진다. 특히 디지털 교육이나 스마트 헬스케어 및 재활 등에서는 이러한 Flow가 사용자의 집중도를 높이고 콘텐츠의 효과를 높이는 용도로 활용되고 있다.

코로나19로 비대면 시대가 열리면서 대면과 달리 비대면 콘텐츠가 몰입도가 떨어진다는 것을 많은 사람이 경험했다. 직관적인 상호작용과 감정의 교류가 가능한 대면 소통방식과 달리, 비대면 소통은 정보의 전달은 가능하지만 감성과 감정을 전달하는 데는 어려움이 있었다. 그렇다 보니 교육이나 운동 등을 하는 데 있어서 비대면 콘텐츠가 대면 상황보다는 효율성이 많이 떨어질 수밖에 없었다.

메타버스도 결국은 비대면 플랫폼이다. 앞서 언급한 여러 특징을 통해 현실 같은 경험을 추구하고, 현실과 연결·확장되는 메타버스가 되려면 어떻게 해야 할까? 물론 지금도 기존 비대면 플랫폼이나 가상 현실보다 몰입도가 높기는 하지만, 자발적으로 지속해서 메타버스를 활용할 수 있도록 동기를 부여하는 설계가 보완되어야 한다. 이를 위해서 Flow를 활용할 수 있다. 라이프로깅 데이터와 연계된 메타버스 내의 경험이나 성과 등은 사용자의 동기 부여를 위해, 간단하게는 메타버스 내의 보상이나 경험치 등으로 환원될 수 있다. 예를 들어 메타버스를 활용한 교육의 경우, 학습자의 여러 실제 학습활동이 데이터로 환원되고, 이 데이터들이 메타버스 플랫폼에서 학습자, 즉 사용자의 다양한 메타버스 활동에 유익하게 경험치, 점수, 보상 등으로 활용된다면 사용자는 메타버스를 활용한 교육에 자발적·지속적으로 몰입할 수 있을 것이다.

헬스케어의 경우에도, 메타버스와 연결할 수 있는 디지털화된 운동기구나 스마트폰, 스마트워치 등을 통해 얻은 운동 데이터를 사용자 아바타의 성장 데이터나 메타버스 내에서 사용할 수 있는 재화 혹은 보상 등으로 활용할 수 있다. 사용자가 운동을 열심히 한 만큼 메타버스에서 쓸 수 있는 즉각적인 보상을 얻을 수 있으므로 자발적·지속적인 몰입이 가능할 것이고, 운동의 효과가 높아질 것이다.

이와 같이 라이프로깅 데이터와 연계되는 성장형 아바타는 메타버스 플랫폼 내에서 이루어지는 다양한 활동과 콘텐츠에서 연계되어 사용된다. 즉 현실에서 사용자의 노력, 그리고 가상세계인 메타버스 내에서 이루어지는 여러 활동이 반영되어 아바타가 성장하게 된다. 이러한 아바타 구조를 통해 사용자는 현실과 메타버스가 연결됨을 느끼고, 이에 몰입할 수 있다. 메타버스 내의 여러 콘텐츠에서 동일한 아바타를 활용함으로써 게임과 차별화되는 것이다.

메타버스 플랫폼에서 NPC와의 상호작용도 메타버스의 주요 특성이 될 수 있다. 게임에는 스토리가 존재하는데, 스토리의 자연스러운 흐름을 위해서는 사용자의 역할을 보좌할 NPC가 있어야 한다. 이러한 NPC들은 때로는 상대해야 할 몬스터나 보스, 혹은 사용자를 돕는 스승이나 동료와 같은 비중이 있는 역할뿐 아니라, 자연스러운 가상세계 연출을 위한 오브젝트인 행인, 마을 사람, 상점 주인이나 손님 같은 가벼운 역할까지 다양한 형태로 존재해왔다. 주어진 스토리를 위한 구성이기 때문에 NPC의 비중에 따라 달라지기는 하지만, 결국 미리 짠 대사에 따른 단순한 상호작용만을 할 수 있었다.

하지만 현실을 확장한 메타버스에서는 사용자 간의 상호작용을 돕고 현존감을 높이기 위해서, 보다 자연스럽고 사용자와 깊은 소통이 가능한 NPC의 역할이 더욱 중요해질 것이다. 대화형 AI의 발전은 '혼이 있는 듯한 NPC', '실제 사람과 같은 NPC', 즉 NPC Soul의 형태로 발전해 메타버스에서 사용자의 몰입을 도울 것이다.

NPC를 주인공으로 내세운 영화 〈프리 가이〉(2021)는 엑스트라에 불과했던 NPC가 인공지능의 발전으로 학습을 통해 진화해 주인공이 되는 과정을 담고 있다. 똑같은 일상이 반복되는 생활을 하던 가이는 플레이어들이 착용하는 아이템인 선글라스를 우연히 얻게 되고, 현실세계에서 온 밀리에게서 자신이 인간이 아니라 '프리시티'라는 게임 속 프로그래밍된 배경 캐릭터인 NPC임을 알게 된다. 한때의 방황 끝

NPC를 주인공으로 내세운 영화 〈프리 가이〉 영상 캡처 © 코리아 이십세기 폭스

에 자신이 인간이 아니라는 사실을 인정한 가이가 프리 시티의 파괴를 막기 위해 배경 캐릭터가 아닌 히어로가 되기로 결심한다는 내용이다. 메타버스 세상에서 NPC 역할의 중요성을 잘 설명하고 있는 영화다.

현실이 확장된 메타버스도 현실처럼 운영되려면 비중 있는 역할 이외에 비중이 없는 역할도 필요하다. 물론 누군가의 아바타가 그 역할을 대신할 수도 있지만, 시스템으로 운영되어야 하는 부분도 분명 존재한다. 가상세계에서까지 이러한 역할을 맡으려는 사용자는 거의 없을 것이다. 따라서 현실 같은 가상세계가 정상적으로 운영되기 위해서는 시스템의 역할이 필요하다.

게임이나 일반적인 소프트웨어에서는 말 그대로 AI 시스템으로만 존재해도 되지만, 메타버스는 현실을 가상으로 확장해놓은 또 하나의 세계이다. 이러한 세계에서는 시스템의 역할도 캐릭터의 형태로 처리되는 것이 현실감, 실재감과 현존감을 높여줄 것이다. 대화형 AI 기술이 매우 빠르게 발전하고 있으므로 조만간 우리는 메타버스 플랫폼에서 누가 인간 사용자이고, 누가 AI 사용자(NPC)인지 구분 못 하는 시대를 맞이할 수도 있다. 이처럼 대화형 NPC는 향후 메타버스의 중요한 특성으로 자리 잡을 것이다.

메타버스의 또 다른 중요 요소로 직관적인 상호작용을 들 수 있다. 직관적인 상호작용은 사용자가 현실에서 느끼는 감정과 동작을 가상세계에 전달하는 역할을 한다. 일반적인 게임에서 미션 수행이나 이동을 위해 캐릭터를 조종하는 것이 아니라, 사용자의 감정 상태나 동작 등을 그대로 가상세계에 구현하여 온전히 사용자 본인이 메타버스 내에서 존재하는 것처럼 느끼게 하는, 보다 더 직관적인 상호작용이다. 이는 키보드나 마우스, 조이패드 등을 활용한 간접적인 상호작용이 아니라, 센서 등을 활용한 동작인식 방식의 직관적인 상호작용을 의미한다. 물론 현재에는 직관적인 상호작용을 활용하는 메타버스가 많지 않지만, 메타버스 서비스들도 기존 게임의 효율적인 동작이나 제한적인 감정 표현을 넘어, 아바타의 다양한 감정 표현과 동작을 간접적 입력 방식으로 구현해 차별화하고 있다. 현실에서 느끼는 감정이나 동작을 가상세계에서 구현하기 위한 직관적인 상호작용은 게임 캐릭터가 아니라 사용자로서 가상세계에 들어간 듯한 현존감을 느끼게 해주는 메타버스의 중요한 특징이다. 이는 앞으로 메타버스 플랫폼들이 추구해야 할 중요한 지향점이다.

2. 새로운 형태의 가치를 거래한다: 메타버스 비즈니스

시장에서의 가치(價値, Value)를 쉽게 설명하자면 '특정 사물이 가지는 쓸모'라고 할 수 있다. 사람들이 어떠한 사물을 구매하는 것은 그 사물이 필요하기 때문이며, 이러한 필요를 얼마나 충족시켜줄 수 있느냐가 사물의 가치를 결정한다. 그렇기에 특정 사물이 가지는 가치의 높고 낮음은 사람마다 다르게 생각할 수 있는 주관적인 지표다. 그러나 어느 정도 보편적인 가치의 기준은 존재한다. 누군가에게 높은 가치가 있는 사물은 대개 다른 사람에게도 높은 가치가 있다. 이처럼 보편적인 가치를 숫자로 나타내는 지표 중 하나가 바로 가격(價格, Price)이다. 단순하게 생각해서 가격이 비싼 사물은 높은 가치를 가지는 사물이라고 보편적으로 인식된다.

그렇다면 가치와 가격은 어떻게 결정되는 것일까? 가치와 가격의 결정에 대해 일반인에게 가장 보편적으로 인식되는 이론이 2가지 있다. 그것은 '생산비에 의한 가격 결정론'과 '수요와 공급에 의한 가격 결정론'이다. '생산비에 의한 가격 결정'이란 어떤 상품이나 서비스를 생산하는 데 들어가는 비용에 따라 그 가치가 결정된다는 것이다. 예를 들어, 스마트폰을 만들기 위해 들어가는 재료들과 기술이 모니터를 만드는 데 필요한 재료와 기술보다 높은 가치를 가지기 때문에, 그 결과물인 스마트폰이 더 높은 가치가 있고 가격이 비싼 것이다. '수요와 공급에 의한 가격 결정'이란 상품이나 서비스에 대한 수요가 높을수록 가치가 높아지고, 상품이나 서비스의 공급이 많을수록 가치가 낮아지

실존하지 않는 가상의 재화에 보편적인 인식을 넘어서는 큰 가치가 부여되고 있다. © AntonioSolano/iStock.com

는데, 이러한 수요와 공급이 균형을 이루도록 하는 가격이 시장에 의해 결정된다는 것이다. 예를 들어, 스마트폰과 모니터가 동일하게 공급된다고 가정해보자. 스마트폰을 구매하려는 사람들은 10억 명이고, 모니터를 구매하려는 사람들은 1억 명이라면, 스마트폰의 수요가 높으므로 스마트폰이 모니터보다 더 높은 가격을 형성한다.

하지만 요즈음 급격하게 부상한 메타버스와 관련된 비즈니스에서는 이러한 사람들의 보편적인 인식과 거리가 먼 현상이 계속해서 일어나고 있어 사람들이 혼란을 느끼고 있다. 우선 실존하지 않고 누군가가 가치를 보장해주지도 않는 가상의 재화에 보편적인 인식을 넘어서는 큰 가치가 부여되고 있다. 기존의 보편적 인식에서는 실존하여 쓰임새가 있거나, 실존하지 않더라도 누군가가 가치를 보장해주는 재화에

가상세계의 물건을 사기 위해 쇼핑하는 모습 © Second Life

큰 가치가 부여되는 것이 일반적이다. 하지만 메타버스 세계에서 가치를 가지는 것들을 보면 가상의 옷, 가상의 경험, 가상의 부동산, 가상의 화폐 등 무엇 하나 실존하지 않으며 그 쓰임새 역시 매우 한정적이거나 알 수 없는 경우가 대부분이다. 심지어 국가나 회사에서 그 가치를 보장해주지도 않는다. 그런데 적게는 수만 원에서 많게는 수십 억 하는 가격을 형성하고 있으니 당황스러운 것이다.

또한 생산비에 따른 가격 결정과도 맞지 않는다. 단순히 0과 1로 이루어진 데이터 쪼가리에 불과하며, 만드는 데에 큰돈이 들어간 것 같지도 않다. 적어도 현실에 존재하는 스마트폰을 생산하는 데 비용이 더 많이 들었을 것 같은데, 웬일인지 모두가 스마트폰보다 비싼 가격에 가상의 재화를 주거니 받거니 하고 있다. 수요와 공급에 따른 가격 결정도 아니다. 메타버스 세계의 디지털 재화들은 공급이 늘어났다고 해서 그 가격이 계속해서 내려가는 것도 아니다. 오히려 예술품이나 브랜드 상품처럼 어떤 적절한 수준의 가격을 유지하는 모습을 보여준다.

이제부터 다양한 메타버스 비즈니스와 그들이 제시하는 가치에 대해서 알아볼 것이다. 그들이 주목하는 수익 모델에 대해 살펴보고, 자신들의 가치를 소비자에게 어떻게 설득하고 있는지를 살펴볼 것이다. 이를 통해 독자들이 메타버스 비즈니스로 인해 겪는 혼란을 최소화하고 메타버스가 가져올 시대 변화에 대비할 수 있는 안목을 길러주고자 한다.

1) 메타버스 비즈니스는 무엇이 어떻게 다른가?

현재 메타버스 비즈니스의 미래는 굉장히 긍정적일 것으로 예측된다. 국내외의 저명한 연구기관과 경제 분석지에서는 메타버스와 직접적인 관련이 있는 증강현실(AR, Augmented Reality), 가상현실(VR, Virtual Reality), 혼합현실(MR, Mixed Reality), 확장현실(XR, Extended Reality) 관련 시장이 계속해서 급격하게 성장할 것이며, 이러한 추세는 당분간 이어질 것으로 전망한다. 또한 이들은 메타버스 비즈니스의 영향을 받는 분야가 점차 넓어질 것으로 예측했다. 현재는 주로 게임과 엔터테인먼트 분야에서만 메타버스의 영향이 두드러지고 있지만, 향후 수년 안에 국방, 교육, 의료, 법 등 일상생활과 밀접한 관련이 있는 비즈니스 분야도 메타버스의 영향을 받을 거라는 것이다.

그렇다면, 메타버스 비즈니스가 기존의 비즈니스와 무엇이 다르기에 이렇게 주목받고 긍정적으로 평가받는 것일까? 이 질문에 내납하기 위해서는 메타버스 비즈니스가 가지는 특징에 대해서 알아야 한다. 메타버스 비즈니스의 주요 특징 4가지를 들면 다음과 같다.

1. 실존하지 않는 가상의 물체나 경험에 큰 가치가 매겨진다.
2. 생산자와 소비자 사이의 거리가 급격하게 줄어든다.
3. 누구나 생산자가 될 수 있고, 누구나 소비자가 될 수 있다.
4. 가치 평가의 변화가 매우 빠르다.

일반적으로 비즈니스라고 하면 현실에 실재하고, 그 쓰임새가 존재하는 물건을 사고파는 것을 생각하기 마련이다. 하지만 메타버스 비즈니스에서는 어디에 쓰이는 건지도 잘 모르는 것들에 큰 가치가 매겨진다.

예를 들어, 현실의 지형을 축소한 형태로 만든 가상세계의 땅을 사각형의 타일로 구분해, 각 타일을 부동산의 형태로 사고파는 'Earth2'라는 플랫폼이 있다. 이 플랫폼에서는 가상 부동산의 소유권을 수십만 원~수백만 원에 거래하고 있으며, 현실의 강남, 뉴욕과 같은 유명한 도시의 부동산은 더 비싼 가격에 거래한다. 더 놀라운 점은 이러한 가상 부동산의 쓰임새가 확실하지 않다는 것이다. 그 땅을 가지고 또 다른 수익을 창출할 수 있는 것도 아니고, 사용자들이 그 땅을 가지고 가상세계에서 무엇인가를 하지도 않는다. 하지만 실제로 거래가 이루어지고 있고, 계속해서 성장 중인 비즈니스다. 그나마 가장 설득력 있는 설명은, 미래에 메타버스가 활성화되면 가상세계의 땅이 어떤 식으로든 비싸게 거래될 것이라는 기대 심리 때문에 비싼 가격에 거래된다는 점이다. 누구나 이와 비슷한 플랫폼을 만들어서 제2, 제3의 'Earth'를 창조하고, 가상 부동산을 무한대로 찍어내서 팔 수 있는 게 아닌가 하는 생각을 하면서 말이다.

또 다른 예로, 가상의 경험 판매가 있다. 메타버스 비즈니스의 선두주자인 로블록스 플랫폼에서는 사용자들끼리 다양한 경험을 사고판다. 프로그래밍할 줄 아는 사용자들이 로블록스 플랫폼에서 제공하는 프로그래밍 언어를 이용하여 '나무꾼 체험해 보기', '피자가게 점원 체험해 보기', '고양이 키우는 체험해 보기' 등 다양한 체험을 제공하는 공간과 상황을 제작하고, 이를 패키지로 만들어서 사용자들에게 판매

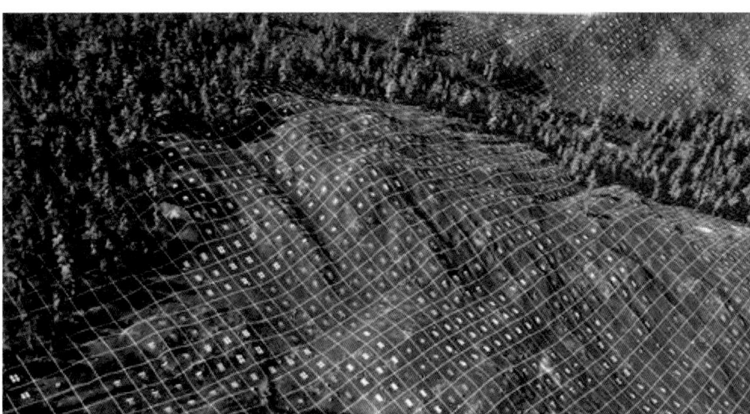

Earth2에서 실제 지구와 같은 환경을 가상세계에 구현하고, 사각형의 타일로 나누어 사고파는 모습
© Earth2

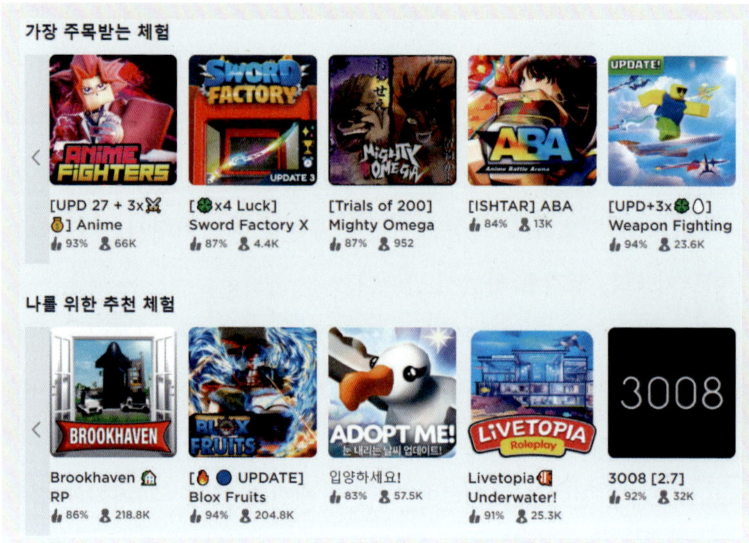

로블록스에서 다양한 경험을 할 수 있는 패키지를 사고파는 모습 © Roblox

한다. 놀랍게도 수많은 사용자가 거리낌 없이 이러한 패키지를 구매하고, 다양한 경험을 소비한다.

생산자와 소비자 사이의 거리가 급격하게 줄어드는 것도 메타버스 비즈니스의 특징이다. 복잡한 유통과정이 생략되기 때문에 공급자는 고품질의 다양한 물품을 판매할 수 있으며, 상품에 대한 소비자의 접근성이 극대화되어 소비자는 더 저렴한 가격에 고품질의 상품들을 구매할 수 있다. 지금까지는 소비자가 상품을 구매하기 위해 해당 상품들이 모여 있는 가게에 직접 방문해야 했고, 생산자는 소비자에게 상품을 노출하기 위해 유통과정을 거쳐 가게에 상품들을 진열해야 했다. 하지만 메타버스 세계에서 가상의 가게를 운영할 경우, 소비자는

메타버스 세계의 가상 스토어 © http://eyesee-research.com

자신의 집에서 접속했어도 실제 가게를 방문한 것과 같은 현실감 있는 쇼핑이 가능해졌다. 또한 공급자는 유통과정 없이 가상세계에 자신의 상품을 진열하여 소비자에게 제품을 노출할 수 있다.

공급자와 소비자 간의 거리가 줄어드는 것은 누구나 생산자가 될 수 있고 소비자가 될 수 있다는 메타버스 비즈니스의 특징을 더 촉진하는 역할을 한다. 기존의 비즈니스에서는 아무나 생산자가 될 수 없었다. 생산자가 되기 위해 다양한 기술이 필요한 것과는 별개로, 생산시설, 생산 후 유통, 생산 후 판매 등 일반인이 해결하기 힘든 장벽이 많았기 때문이다. 하지만 메타버스 비즈니스에서 거래되는 재화 대부분은 디지털 재화로, 프로그래밍의 결과물이며 복사와 이동이 간편하다. 그렇다 보니 프로그래밍할 수 있는 능력만 있다면 특별한 시설이나 유통·판매망이 없어도 누구나 재화의 생산 주체가 될 수 있다. 작게는 특정 메타버스 플랫폼에서 제공하는 저작• 툴을 사용하여 해당 플랫폼에서 사용할 수 있는 다양한 디지털 재화를 생산, 유통, 판매할 수 있을 것이며, 크게는 새로운 플랫폼을 창조할 수 있는 능력을 이용하여 새로운 서비스를 제시하고, 새로운 가치를 만들어 판매할 수 있을 것이다. 이러한 생산의 주체들은 메타버스의 세계에 굉장히 익숙하기에, 다른 사람이 만든 디지털 재화를 주체적으로 소비하는 소비자층이 되기도 한다. 따라서 공급자가 소비자가 되고, 소비자가 공급자가 되는 특이한 형태의 시장이 형성된다.

공급자와 소비자의 경계가 모호해진다는 특성은 메타버스 세계의 디지털 재화가 더 빠르게 변화하도록 만든다. 내가 소비하는 물품에 나의 취향을 반영하고자 직접 새로운 재화를 만들기도 하고, 유행이 바뀌면 즉시 그 유행을 소비하기 위한 물품을 만들어낸다. 기존 제품에 하자가 있으면, 자신이 직접 그 하자를 개선하여 새로운 제품을 출시한다. 이는 기존의 비즈니스 모델과는 매우 다른 형태다. 기존 비즈니스 모델에서는 생산자가 만든 제품에 심각한 하자가 없다면 큰 변화 없이 제시된 가격으로 오랫동안 소비되었다. 새로운 트렌드나 개선사항이 생겼다고 해도 생산자가 이를 인지하고 대응한 후 제품화하는 과정을 기다려야 하기 때문이다.

지금까지 살펴본 특징들로 인해 메타버스 비즈니스는 기존의 비

• 메타버스에서의 콘텐츠 '저작': 가상현실에서 활용될 수 있는 다양한 3D 오브젝트들을 코딩이 아닌 툴을 사용해서 만드는 것을 일반적으로 'Virtual Reality Authoring Tool'을 사용한다고 한다. 메타버스에서도 툴을 사용해서 가상공간, 오브젝트, 아바타를 만들므로, 여기서는 '저작'이라는 용어로 번역해서 사용한다.

즈니스와는 다른 새로운 형태의 시장을 형성해, 전통적인 비즈니스 강자들이 지배하는 시장에 지각변동을 가져올 것으로 예측된다. 그 때문에 많은 기업이 메타버스 비즈니스에 관심을 가지고 미래를 예측하여 기업의 앞날을 대비하려는 움직임을 보인다. 하지만 기존과는 너무나도 다른 가치 평가와 수익 모델의 형태로 인해 어떻게 대비하는 것이 맞는지는 여전히 의견이 분분한 실정이다.

2) 게임·소통 분야의 메타버스 비즈니스

불확실한 미래를 예측하는 좋은 방법의 하나는 현재 일어나는 현상을 분석하여 가까운 미래를 예측해보는 것이다. 단순하게 메타버스 비즈니스의 특징들을 고려하여 미래를 예측하는 대신, 현재 주목받는 메타

다양한 사람들이 모여 만드는 메타버스에서의 소통 © 네이버 제트

버스 플랫폼들을 분석하여 그들이 소비자에게 제시한 새로운 가치는 무엇이고, 이를 통해 어떻게 수익을 올리고 있는지를 분석한다면 미래의 메타버스 비즈니스를 좀 더 잘 예측할 수 있을 것이다. 메타버스 비즈니스에는 다양한 카테고리가 있다. 이 중에서 게임·소통과 관련된 메타버스 플랫폼이 가장 빠르게 성장하고 많은 주목을 받고 있으므로 이들을 먼저 살펴보도록 하겠다.

최근 사람들은 가상 아바타를 이용해 메타버스 세계에 접속하고, 아바타를 통해 자신의 자아를 드러낸다. 다양한 게임과 경험을 누릴 수 있는 프로그램을 제작하고, 친구들을 불러서 자신이 제작했거나 다른 사람이 제작한 프로그램을 함께 즐기는 등, 가상세계를 통해 자기 자신을 표현하고 주변과 소통하고 있다. 이를 가능하게 해준 다양한 메타버스 플랫폼 중 대표적인 것으로 해외 서비스로는 로블록스(Roblox), 국내 서비스로는 제페토가 있다.

로블록스와 제페토는 매우 유사한 형태의 플랫폼으로, 사용자가 자신의 가상 아바타를 통해 접속하여 다른 사람들과 가상세계를 즐길 수 있는 다중 사용자 온라인 게임 플랫폼이다. 프로그래밍을 통해 로블록스나 제페토에서 사용되는 아바타, 가상세계, 게임 등을 사용자가 직접 만들 수 있다. 이를 다른 사람들에게 판매하거나, 다른 사람이 만든 것을 구매하여 즐길 수도 있다. 로블록스의 경우 2017년에 4,500만 달러에 불과하던 수익이 2020년에는 9억 달러로 증가했고, 제페토는 2020년 매출액이 약 86억에 달한다. 이들은 어떻게 이와 같은 어마어마한 수익을 낼 수 있었을까?

우선은 로블록스에 대해 좀 더 자세히 알아보자. 로블록스 플랫폼은 크게 로블록스 클라이언트(Roblox Client), 로블록스 스튜디오(Roblox Studio), 로블록스 클라우드(Roblox Cloud) 3가지로 이루어져 있다. 먼저 로블록스 클라이언트는 사용자들이 접속하여 가상세계를 즐기기 위한 앱으로, 우리가 흔히 로블록스를 즐길 때 사용하는 앱이 바로 이 로블록스 클라이언트라고 보면 된다. 로블록스 스튜디오는 사용자들이 가상세계에서 사용할 수 있는 아바타, 아이템 게임 등을 제작하는 데 쓰이는 창작도구다. 로블록스 클라우드는 사용자들이 로블록스를 모바일, 데스크톱, 콘솔 등 모든 하드웨어에서 즐길 수 있도록 만들어주며, 로블록스 스튜디오에서 만들어진 창작물들이 모든 하드웨어 사용자들에게 동시에 노출되도록 하는 역할을 한다. 이들 3개의 플랫폼은 서로 유기적으로 동작하여, 사용자들은 로블록스 가상환경에서 다양한 활동을 즐기고 자신이 만든 창작물을 타인에게 자랑하거나 판매할 수 있다. 또한 사용하는 하드웨어에 상관없이 동일한 로블록스 월드를 즐길 수 있다.

로블록스의 기본적인 비즈니스 모델은 프리미엄(Freemium[Free

로블록스에 사용되는 가상 아바타(왼쪽)와 제페토에 사용되는 가상 아바타(오른쪽) © Roblox, 네이버 제트

+Premium])의 형태다. 우리에게는 부분 유료화 모델이라는 이름으로 더 많이 알려진 비즈니스 모델이다. 앱의 기본 기능은 사용자에게 무료로 제공하되, 추가적인 기능 혹은 고급 기능에 대해서는 요금을 부과하는 방식이다. 로블록스의 세계를 단순히 접속하여 이용하는 것은 무료이며, 자신의 가상 아바타를 꾸미는 것도 어느 정도 무료로 가능하다. 하지만 자신이 직접 콘텐츠를 만들어서 팔거나, 아바타를 더 예쁘게 꾸미기 위해 아이템을 구매하거나, 다른 사람이 만든 프로그램을 구매하여 즐길 때는 추가로 결제해야 한다. 이때 사용하는 것이 로벅스(Robux)라 불리는 디지털 화폐로, 로블록스 공식 홈페이지에서 현금 결제를 통해 구매할 수 있다. 로벅스 판매가 로블록스의 주요 수입 원천으로, 2020년 한 해에 판매한 로벅스는 약 19억 달러에 달한다.

더 많은 사람이 로블록스의 아이템 제작에 참여할수록 사용자들이 더 다양한 콘텐츠와 아이템을 만나게 된다. 이는 결국 더 많은 거래로 이어지므로 로벅스의 판매량이 증가할 것이다. 그래서 로블록스에서는 더 많은 크리에이터들이 플랫폼에 참여하여 다양한 아이템을 만들도록 유인하는 정책을 펴고 있다. 우선, 크리에이터들은 게임 내 아이템을 팔아서 로벅스를 벌 수 있는데, 로벅스가 일정 금액 이상 모이면 현금으로 환전할 수 있다. 조금만 배워도 쉽게 메타버스용 아이템이나 프로그램을 만들 수 있는 데다, 메타버스 비즈니스의 특성상 유통 및 판매 과정을 생략할 수 있어서 수많은 크리에이터들이 아이템을 만들어서 파는 과정에 참여하고 있다. 로블록스 측에서는 아이템을 팔 때와 로벅스를 현실세계의 돈으로 환전할 때 수수료를 부과한다. 유통 및 판매 플랫폼을 이용하는 수수료라고 생각하는지 수많은 크리에이터들은 해당 수수료를 내면서까지 로블록스 세계의 비즈니스에 적극적으로 참여하는 모습을 보이고 있다. 실제로 2020년 한 해, 게임 내 수익의 24.5%에 해당하는 약 2억 5천만 달러를 크리에이터들이 가져갔다고 한다. 상당히 많은 크리에이터들이 참여하고 있으며 그 규모 또한 엄청나다는 것을 추측할 수 있다.

하지만 누구나 쉽게 참여할 수 있는 로블록스 시장이 항상 좋은 것만은 아니다. 실제로 크리에이터들이 겪는 어려움을 들어보면 "누구나 참여할 수 있어서 한번에 많은 상품이 업데이트되고, 내가 만든 상품이 사용자에게 노출되는 시간이 너무 짧다."라고 불만을 토로하곤 한다. 진입 장벽이 낮기에 저숙련자도 쉽게 시장에 진입하여 아이템을 올릴 수 있으므로, 수많은 아이템 더미가 소비자에게 동시에 노출되면서 오히려 제품 각각은 접근성이 떨어지는 것이 문제다.

또 다른 어려움으로는 '트렌드가 너무 빨리 변해서 피로감이 크다.'는 점을 들 수 있다. 실시간으로 바뀌는 트렌드로 인해 재빠르게 아이템을 제작해야 하고, 그렇게 제작한 아이템이라도 한정된 시간에만 팔리기 때문에 제대로 된 수익을 거두지 못하는 경우가 많다. 최근 로블록스에서는 이러한 문제를 해결하기 위해 1인당 올릴 수 있는 아이템 수를 제한하는 등의 조처를 하고 있다. 또한 크리에이터들은 별도의 SNS 계정 등을 통해 자기 자신을 브랜드화하고 자기 제품들을 지속해서 홍보하는 추세다.

또 다른 로블록스의 수익 모델은 타 인기 브랜드와의 제휴이다. 지금까지 로블록스는 디즈니, 레고, 마블, DC 등 다양한 인기 브랜드들과 제휴를 맺었다. 로블록스 플랫폼을 통해 해당 브랜드와 관련된

로블록스와 DC의 콜라보레이션(왼쪽), 로블록스와 어벤져스의 콜라보레이션(오른쪽) © Roblox

광고 또는 이벤트들을 열어주었고, 이에 대한 대가로 광고비와 행사비를 받았다. 로블록스의 월간 활성 이용자 수가 1억 5천만 명이고, 사용자 대부분이 젊은 층이면서 전체 이용자 중 13세 이하인 이용자의 비율이 절반 이상이라는 점 때문에 젊은 층을 타깃으로 하는 브랜드들에는 매력적인 광고 플랫폼일 것이다.

메타버스 플랫폼과 아티스트가 계약을 맺고 가상 콘서트, 전시회 등을 진행하는 것이 최근 또 하나의 수익 모델로 떠오르고 있다. 2020년, 래퍼 릴 나스 엑스(Lil Nas X)는 로블록스에서 라이브 콘서트를 진행했고, 2021년에는 가수 자라 라슨(Zara Larsson)이 앨범 출시 기념 런칭 파티를 로블록스에서 진행했다. 그뿐만 아니라, 최근 로블록스와 소니뮤직 엔터테인먼트가 파트너십을 맺어 추후 소니뮤직 아티스트들이 로블록스에서 활동하면서 이름을 알리고 수익을 창출할 수 있게 되었다. 이러한 메타버스 콘서트가 기존의 오프라인 콘서트와 비교했을 때 가지는 장점이 무엇일까?

메타버스 콘서트의 첫 번째 장점은 기존 콘서트가 지닌 물리적인 한계가 극복된다는 것이다. 오프라인 환경, 즉 현실세계에서 콘서트를

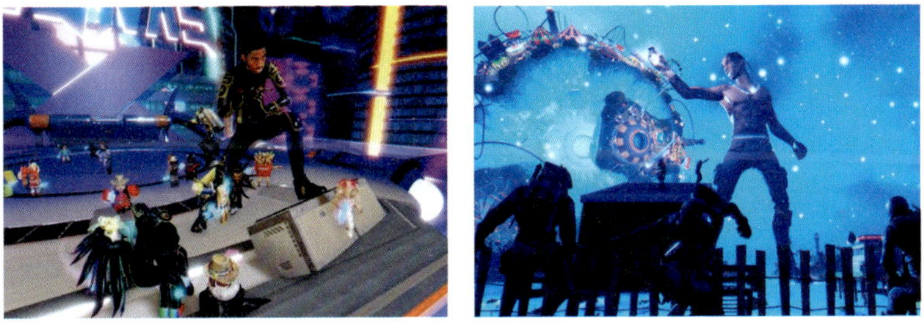

로블록스에서 열린 릴 나스 엑스의 메타버스 콘서트(왼쪽)와 포트나이트에서 열린 트래비스 스콧의 메타버스 콘서트(오른쪽) © Roblox 블로그, Travis Scott 공식 유튜브 캡처

하려면 많은 사람이 모일 수 있는 공간이 필요하다. 하지만 아무리 공간이 커봤자 수만 명 정도의 사람을 수용하는 것이 한계이므로, 한 번의 콘서트에 최대 수만 명 정도의 관중에게 표를 판매할 수 있다. 또한 콘서트장에서 멀리 거주하는 사람들은 콘서트를 관람하러 오기 힘들어서, 대부분 콘서트를 개최하는 지역 주변의 관중들이 콘서트를 보러 올 것이다. 이러한 물리적 한계들로 인해서 오프라인 콘서트는 하루에 올릴 수 있는 매출에 한계가 있다.

하지만 메타버스 콘서트는 가상환경에서 진행되기에 이러한 물리적인 한계가 손쉽게 극복된다. 콘서트가 진행되는 서버의 성능만 충분하다면 수백만 명의 사람들이 동시에 콘서트에 참여할 수 있으므로 한정된 공간이라는 문제가 해결된다. 또한 인터넷만 연결되어 있다면 어디서든 콘서트에 참여할 수 있으므로 거주지와 콘서트장 사이의 거리 문제가 해결된다. 또 다른 메타버스 플랫폼인 포트나이트(Fortnite)에서도 가상 콘서트가 여러 번 개최되었는데, 그중 2020년에 진행된 트래비스 스콧(Travis Scott)의 가상 라이브 콘서트는 45분의 공연으로 약 2천만 달러(한화 약 220억)의 수익을 올린 것으로 알려졌다. 이는 2019년 오프라인 콘서트의 1일 매출 170만 달러, 한 해 총 오프라인 콘서트 매출이 5,300만 달러였던 것과 비교했을 때 단기간에 엄청난 수익을 올렸다고 할 수 있다. 물리적인 한계의 극복으로 콘서트 수익은 엄청나게 증가했는데, 이는 전 세계에 다양한 팬덤을 가지고 있는 유명한 아티스트일수록 더 큰 증가 폭을 보일 것으로 예상된다.

가상 콘서트의 두 번째 장점은 사용자의 참여도가 극대화된다는 것이다. 오프라인 콘서트는 관중과 아티스트를 완전히 분리한 채로 진행되며, 관중은 환호를 보내거나 손뼉을 치거나 함께 몸을 움직이며 콘서트에 호응한다. 하지만 메타버스 콘서트에서는 훨씬 더 적극적인 참여가 가능하다. 아티스트의 가상 아바타에게 뛰어들기도 하고, 아티스트의 동작을 흉내 내거나 가상세계 이곳저곳을 뛰어다닐 수 있다. 자신이 준비해온 아이템들을 사용해 다양한 연출을 할 수 있고, 관중들끼리 서로 호흡을 맞춰서 응원할 수 있다. 아티스트의 가상 아바타를 통해 공연을 진행하므로 아티스트의 안전을 고려할 필요도 없고, 관중의 움직임이 아티스트의 공연 자체를 방해하지 않는다. 그렇기 때문에 가상의 세계에서 할 수 있는 다양한 종류의 상호작용이 모두 허용되는 것이 일반적이다. 이로 인해 관중들은 다양한 자기표현과 응원을 할 수 있어 콘서트에 더 깊이 몰입하게 된다.

국내의 메타버스 플랫폼인 제페토의 수익 모델은 로블록스와 매우 유사하다. 제페토가 만든 가상세계에서 거래하려면 게임 내 화폐인 코인(Coin)이나 젬(Zem)이 필요한데, 이들 모두 로벅스처럼 현금으로 구매할 수 있다. 또한 메타버스처럼 아바타의 옷을 직접 제작하는 크리에이터 기능이 있는데, 이때도 젬이나 코인이 소모된다. 게임 내 경제를 활성화하기 위해 더 많은 가상 아이템을 만들어내고 크리에이터들의 유입을 장려하며, 제페토 스튜디오 기능을 통해 쉽게 게임 속 아이템을 제작할 수 있도록 하고 있다. 아이템 판매를 통해 게임 내 화폐를 현실의 돈으로 바꿀 수 있는 기능 역시 제공하고 있다.

3) 문화·엔터테인먼트 분야의 메타버스 비즈니스

다음으로 문화·엔터테인먼트 분야의 메타버스 비즈니스를 살펴보도록 하자. 최근 SM 엔터테인먼트에서 에스파(Aespa)라는 메타버스 기술을 활용한 아이돌을 선보인 적이 있다. 'Avatar×Experience'를 표현한 'AE'와 양면이라는 뜻의 영어 'Aspect'를 결합해 만든 이름이다. 그 이름처럼 4명의 현실세계 아이돌 멤버와 이들의 또 다른 자아인 가상

스마일게이트의 메타버스 아이돌 '한유아'(왼쪽)와 카카오게임즈의 자회사인 넵튠에서 선보인 '수아'(오른쪽) © 스마일게이트, 카카오게임즈

아바타 AE가 모여 4+4인조 그룹으로 데뷔했으며, 뮤직비디오 최단기간 조회 수 1억, 2021년 7월 걸그룹 브랜드 평판 1위를 달성했다. 각종 SNS나 팬과 소통하는 자리에 현실세계의 아이돌과 가상 아바타들이 함께 등장한다. 노래를 부를 때도 함께 있는 모습을 보여줘 마치 8명 멤버 모두가 실제로 존재하며 각 아이돌은 팬심을 발휘할 만한 대상인 것처럼 대중에게 어필하고 있다. 여기에 SM 엔터테인먼트와 한국과학기술원(KAIST)이 업무 협약을 체결하면서 더 사실적인 메타버스 아이돌을 보여줄 것으로 기대를 모으고 있다.

메타버스 아이돌에 관한 관심은 엔터테인먼트 회사만 보이는 것이 아니다. 최근에는 다양한 게임회사들이 메타버스 아이돌을 활용한 IP 확보에 나서기 시작했다. 2021년 8월 31일, 넷마블은 '메타버스엔터테인먼트'를 설립해 관련 산업에 진출할 의사를 내보였으며, 스마일게이트는 자사 게임 '포커스 온 유'의 여주인공인 '한유아'를, 카카오게임즈 산하 넵튠의 자회사인 온마인드는 '수아'를 선보였다. 이외에도 넥슨, 엔씨소프트 등 다양한 게임회사들이 메타버스 아이돌 산업에 뛰어들 준비를 하고 있다.

그렇다면 기존의 아이돌 산업 대비 가상의 아이돌에게 어떤 장점이 있는지 한번 생각해보자. 우선은 현실세계의 아이돌을 직접 육성하는 것보다 안정적으로 쉽게 IP를 확보할 수 있다는 장점이 있다. 현실세계의 아이돌을 키우기 위해서는 인재 발굴부터 체계화된 육성 프로그램이 필요하다. 기존의 엔터테인먼트 기업이라면 자신들이 가지고 있는 노하우가 있어서 어느 정도 해결되겠지만, 그 외의 회사들은 이러한 노하우가 없어서 아이돌과 관련된 IP를 확보하기 위한 진입 장벽이 매우 높다. 하지만 메타버스 아이돌은 컴퓨터 그래픽 관련 기술만 있으면 만들 수 있기에, 인재 발굴이나 육성을 할 필요가 전혀 없다. 그렇기에 이미 고퀄리티의 그래픽 관련 기술을 가지고 있는 게임회사 같은 곳에서 손쉽게 진입할 수 있다.

또한 실제 아이돌의 경우 아이돌의 컨디션과 신체적 능력에 따라 제작할 수 있는 콘텐츠가 한정되어 있다. 아이돌의 연애, 인성, 사상 문제 등 회사가 컨트롤할 수 없는 각종 리스크도 존재한다. 반면에, 메타버스 아이돌은 흥행에 성공만 한다면 회사와 팬들의 입맛에 맞는 콘텐츠를 안정적으로 제공할 수 있다. 이러한 장점들 덕분인지, 실제로 존재하지 않는 아이돌에 대한 거부감과 메타버스 관련 기술의 미성숙으로 인한 몰입감 저하 등 아직도 해결해야 할 문제가 산재해 있지만, 많은 회사가 메타버스 아이돌 비즈니스에 관심을 기울이고 있다.

메타버스는 아이돌 산업뿐 아니라, 드라마나 영화에도 큰 영향력을 미치고 있다. 메타버스 세계에서는 공간과 사용자 아바타를 임의로 손쉽게 꾸밀 수 있어서 기획된 시나리오만 있다면 누구나 손쉽게 드라

로블록스를 이용해 만든 영화 목록 캡처 © Roblox

마나 영화를 촬영할 수 있다.

예를 들어, 실제 환경에서 고등학생들의 연애를 다루는 드라마를 촬영한다고 가정해보자. 드라마 촬영을 도와줄 스태프, 카메라 같은 고가의 장비, 학교라는 촬영 공간, 교복 등 준비해야 할 것들이 매우 많다. 역할에 맞는 연기를 해줄 다양한 배우들도 섭외해야 하는데, 촬영하고자 하는 드라마 이미지와 맞는 배우를 섭외하는 일은 쉽지 않다. 잘 알려진 유명한 배우를 캐스팅하고 싶다면 배우 섭외에 들어가는 비용이 더 커질 것이다. 하지만 메타버스 세계에서 드라마를 촬영하면 이 모든 비용이 크게 절감된다. 메타버스 세계 그 자체를 담아내는 디지털 화면만을 캡처하면 되기 때문에 카메라와 같은 고가의 장비가 필요 없고, 장비가 많지 않으니 필요한 스태프의 수 역시 현저하게 줄어든다. 공간이나 소품 역시 가상 아바타와 가상공간을 꾸미는 정도만 하면 된다. 배우들은 가상 아바타를 통해 연기하므로, 배우의 외모나 인지도 등이 섭외조건에서 제외된다.

최근 국내에서는 네이버 제트에서 서비스 중인 제페토를 이용하여 다양한 드라마를 촬영해 유튜브에 올리는 사용자들이 늘어나고 있다. 해외에서도 로블록스 플랫폼을 이용해 영화나 드라마를 촬영하는 사용자들이 늘어나고 있다. 지금은 단순히 개인 수준의 아마추어 작품들이 나오는 정도지만, 현재와 같은 속도로 플랫폼과 문화가 발전한다면 지금의 넷플릭스 드라마나 할리우드 영화와 같은 고퀄리티의 작품들이 나올 수도 있을 것이다.

3. 메타버스의 과거: 메타버스는 언제부터 시작되었을까?

소설이나 영화, 애니메이션 등에서 꾸준히 언급되어온 메타버스라는 개념은 사실 갑자기 화두가 된 것은 아니다. 이를 지칭하는 용어의 차이는 있지만, 20년 전 등장해 메타버스의 효시로 불리는 '세컨드 라이프' 등, 이미 오랜 세월 존재했던 개념이다.

메타버스 플랫폼 서비스의 원조라고 할 수 있는 세컨드 라이프가 출시된 2003년 당시에도 현재의 메타버스 광풍에 버금갈 만한 수준의 화제를 몰고 왔고, 국내에서도 다양한 유사 서비스들이 출시되었다. 하지만 이러한 관심이 꾸준히 지속된 것은 아니었다. 2000년대 우후죽순 등장했던 초기 메타버스 플랫폼들은 세컨드 라이프를 제외하고

초기 메타버스 플랫폼 세컨드 라이프 © Second Life

메타버스 플랫폼 분석 기준	
실재감	• VR 기술(HMD, 모션 센서 등)을 통한 비언어적 의사 표현의 자유도와 즉각적인 몰입도 수준
시장 및 경제성	• 사용자 간 거래가 가능한 내부 시장의 존재 여부 • 메타버스 플랫폼 내 경제적 가치를 지닌 화폐를 외부로 환전할 수 있는 가능성
개방성 및 상호운용성	• 플랫폼 내부에 내장된 저작툴을 통해 사용자에 의한 자유로운 창작활동이 가능한지 여부(가상공간, 아바타, 오브젝트 등) • 라이프로깅 데이터와 메타버스 플랫폼과의 연동 • 메타버스 플랫폼 내 저작 오브젝트의 외부 시스템과의 호환 가능성

는 모두 서비스가 종료되었다. 세컨드 라이프는 이미 서비스가 종료된 서비스들과 달리 현재에도 서비스되고 있다. 하지만 메타버스 플랫폼의 효시로 볼 수 있는 데다, 현재의 파급력과 서비스 활용도 측면에서 봤을 때 출시 초기의 영향력과 파급력에 비해 과거보다는 마이너한 경향이 있어서(최근의 성인 사용자에 국한된 활용도) 여기서는 과거로 분류했다.

1세대 메타버스 플랫폼을 분석하는 일은 현재의 메타버스에 시사하는 바가 크다. 불과 10년이 채 되지 않는 시간이 지났지만, 초창기에는 메타버스 플랫폼(1세대) 광풍이 거세게 불어닥쳤다. 이 열기는 너무나도 갑자기 식었으며, 매우 빠르게 대중의 기억에서 사라졌다. 그런데 어느 순간 새로운 콘셉트인 것처럼(2세대) 메타버스가 다시 등장하여, 모든 이슈의 중심에 서 있다. 과연 무엇이 이러한 차이를 만들고 있는 것일까? 또다시 1세대 메타버스처럼 대중에게 외면받지 않으려면 과거의 실패에 대한 학습을 통해 더 발전적인 메타버스 플랫폼 지향점을 고민해야 할 것이다.

그렇다면 바람직한 메타버스 플랫폼은 어떤 모습일까? 여기서는 과거부터 현재까지 나타났다 사라진 다양한 메타버스 사례들을 살펴봄으로써 바람직한 메타버스 플랫폼을 고민해보고자 한다. 메타버스별로 '실재감(Presence)', '시장 및 경제성(Market and Economics)', '개방성 및 상호운용성(Openness and Interoperability)'이라는 3가지 속성에 중점을 두어 분석했다. '실재감' 항목에서는 VR 기술의 활용을 통한 비언어적 의사표현 자유도와 즉각적인 몰입도 수준이 어떤지 알아본다. '시장 및 경제성' 항목에서는 플랫폼 내에서 사용자 간의 경제 거래와 화폐 존재 여부에 따른 시장 및 경제성을 분석한다. '개방성 및 상호운용성' 항목에서는 저작툴을 통한 창작활동과 라이프로깅 연동, 플랫폼 내에서 활용하는 오브젝트 등의 외부 프로그램 활용 여부와 호환이 가능한지 등을 살펴본다.

린든랩에서 개발한 세컨드 라이프 © Second Life(린든랩, 2003)

세컨드 라이프(Second Life, 2003)

일반적으로 메타버스의 콘셉트에 가장 근접한 형태로 최초로 서비스된 것은 린든랩에서 개발한 세컨드 라이프(2003)다. 세컨드 라이프는 3차원 가상현실을 기반으로 하는 SNS로 소개되었고, 사용자들은 이러한 가상세계에서 자신들의 아바타를 만들어 실제와 똑같이 생활할 수 있다는 콘셉트였다. 세컨드 라이프는 현재에도 영어, 독일어, 일본어, 한국어 등 4개 언어로 서비스되고 있다. 국내에도 2000년대 말에 화제가 되었는데, 그 당시에도 대학 캠퍼스, 세계문화유산 등이 세컨드 라이프 안에 가상현실로 구현되었다. 2020년대에 관공서나 대학 캠퍼스를 가상현실에 구현하는 등 선풍적인 메타버스 열풍이 일어난 것은 완전히 새로운 현상은 아니고, 세컨드 라이프가 그 원조라고 할 수 있다. 사용자들은 자기 캐릭터를 통해, 3D가 구현된 세상에서 다양한 일을 하거나 오락을 체험할 수 있다. 세컨드 라이프 내에서 건물이나 토지 등을 거래할 수도 있으며, 쇼핑도 즐길 수 있다. 특히 다양한 기업이 세컨드 라이프를 통해 제품을 광고하거나 3D로 구현된 아바타용 가상 제품을 판매하기도 했다. 게다가 처음 서비스를 시작할 때 이슈가 되기도 했지만, '무엇이든지 가능한' 가상세계이기 때문에 가상 성관계(Virtual Sex) 등의 용도로 활용되기도 했다. 아바타를 통해 다양한 동작과 감정을 전달할 수 있어 성인 전용 이용도 많은 편이다.

세컨드 라이프의 메타버스 속성	
실재감	세컨드 라이프의 모든 기능을 제대로 이용하는 것은 PC 환경에서만 가능하며 VR 기기와의 연동을 지원하지 않는다. 비직관적인 방식이기는 하지만 다양한 동작이나 감정 표현을 위한 상호작용이 제공되어, 가상 성관계 등의 용도로도 활용되었다.
시장 및 경제성	세컨드 라이프는 현실과 동일한 가상환경에서 개인의 삶을 만들어가는 방식으로 기존 게임들과의 차별성을 두고 있다. 또한 가상화폐인 린든 달러(Linden Dollar)를 사용하는 경제 시스템을 기반으로 하고 있어서 현실과 동일한 부동산 취득, 옷, 신발 구매 등 경제 활동이 가능하다.* 메타버스 내 가상화폐인 린든 달러가 미화와 변동환율로 거래된 사례도 있다.
개방성 및 상호운용성	세컨드 라이프 내 가상공간인 맵을 사용자가 돈을 주고 사서 자신만의 세계로 만들 수 있었다. 수천 가지 다양한 콘셉트의 맵들이 존재하는데, 이를 사용자들이 직접 만들어 영화관을 운영하거나, 콘서트를 열거나, 자신이 만든 아이템, 아이디어 상품 등을 팔 수도 있었다.** 또한 Maya, 3D Max 등 다양한 3D 관련 프로그램으로 제작된 가상공간이나 물건들을 활용하는 것이 가능하다.

• Choi, E.(2008). A Study on Business model of through Second life. In Proceedings of the Korea Contents Association Conference(pp. 431–435). The Korea Contents Association.

•• http://www.onlifezone.com/gamer_talk/14350460 참조.

게리모드 © 밸브, 2006

게리모드(Garry's Mod, 2006)

밸브사의 대표적 타이틀인 '하프 라이프2'의 모드 중 하나다. 마인크래프트처럼 다양한 오브젝트를 활용하며, 자신만의 도구를 만들어 즐기는 샌드박스 게임이다.* 영화관처럼 만든 Cinema에서는 다른 사용자와 영화를 관람할 수 있고, 편의시설처럼 만든 Life Center에서는 다양한 게임 모드가 공유되기도 한다.

게리모드의 메타버스 속성	
실재감	VR 기기와의 연동은 지원하지 않는다.
시장 및 경제성	게리모드는 물리 엔진 샌드박스로, 플랫폼 전체에서 통용되는 화폐의 개념이 존재하지 않는다.
개방성 및 상호운용성	게리모드는 샌드박스 플랫폼으로 자신이 원하는 대로 게임을 설계할 수 있지만, 게리모드의 무한한 창작 가능성은 게임 내적인 요소에 한정된다. 외부 시스템과의 호환성은 떨어지기에 상호운용성이 있다고 보기에는 무리가 있다.

* https://www.inven.co.kr/webzine/news/?news=54420 참조.

플레이스테이션 홈은 비디오 게임기인 플레이스테이션(PS) 전용 가상공간이다. © Sony, 2008

플레이스테이션 홈(PlayStation Home, 2008)

소니의 가정용 게임 콘솔인 플레이스테이션 전용으로 개발된 가상세계로, 2008년 12월부터 2015년까지 서비스되었다. 자신의 아바타를 만들어 문자나 음성을 통해 다른 사용자와 커뮤니케이션할 수 있었고, 세컨드 라이프처럼 간단한 감정 표현이나 동작을 구현할 수도 있었다. 이러한 가상세계에서 사용자는 온라인 게임을 하거나, 게임 트레일러를 감상하거나, 다양한 이벤트 등을 체험할 수 있었다. '플레이스테이션 전용의 세컨드 라이프' 같은 콘셉트라고 이해하면 될 것 같다.

플레이스테이션 홈의 메타버스 속성	
실재감	비디오 게임기인 플레이스테이션으로만 실행할 수 있으며 VR 기기와의 연동을 지원하지 않는다.
시장 및 경제성	창작이나 거래 시스템이 존재하지 않았기 때문에 경제적 가치를 창출하는 것이 불가능했고, 자연히 환전 기능 또한 지원하지 않았다. 따라서 경제성이 있었다고 보기 어렵다. 또한 서비스 제공사에서 개발한 콘텐츠를 일방적으로 소비하는 구조에 가까웠으며 사용자 간 거래는 불가능했다.
개방성 및 상호운용성	캐릭터 커스터마이징(이용자가 사용방법과 기호에 맞춰 하드웨어나 소프트웨어를 설정하거나 기능을 변경하는 것) 외에 창작의 개념과 유사한 콘텐츠는 존재하지 않는다.

퍼피레드 © 한게임, 2008

퍼피레드(2008)

한게임이 개발했으며, 출시 당시 '3D 육성 커뮤니티 게임'이라는 장르로 소개되었다. 퍼피레드는 가상현실 내 개인 공간인 미니파크에서 동물, 식물, 아기, 몬스터, 스타 등 다양한 대상을 육성하는 게임이다. '3D 육성 커뮤니티 게임'이라는 장르로 소개된 것에서 알 수 있듯이 육성과 이를 바탕으로 한 소통이 중심인 게임이다. 사용자가 온라인상에서 파티, 역할놀이와 같은 다양한 커뮤니티 활동과 경제활동에 자유롭게 참가할 수 있다는 점에서 메타버스 플랫폼으로 볼 수 있다.

퍼피레드의 메타버스 속성	
실재감	VR 기기와의 연동은 지원하지 않으며 웹 브라우저 환경에만 유일하게 대응했다.
시장 및 경제성	사용자가 구매하여 소지한 캐시 아이템을 다른 사용자에게 되팔아 사이버머니인 '콩'을 마련할 수 있는 기능(행복나눔상점)이 마련되어 있었으나 반대의 경우는 성립하지 않고, 제약이 컸던 만큼 자유로운 거래가 이루어지는 시장이 존재했다고 보기는 어렵다. 또한 자체 제공 화폐인 '콩'과 현금에 대응하는 '캐시'는 게임 외부로 환전하는 것이 불가능하다.
개방성 및 상호운용성	대다수 샌드박스 게임의 주요 콘텐츠인 캐릭터 커스터마이징, 섬 꾸미기 외에 창작의 개념과 유사한 콘텐츠는 존재하지 않는다.

싸이월드 미니라이프 © SK커뮤니케이션즈, 2008

싸이월드 미니라이프(2008)

SK커뮤니케이션즈에서 기존의 싸이월드를 3D로 개선하여 출시한 플랫폼이다. 미니라이프는 미니홈피를 통해 접속하는 3D 가상현실 커뮤니티다. 3D 아바타를 통해 공간을 꾸미거나, 기존의 싸이월드처럼 다른 사용자의 미니라이프 공간을 방문하여 실시간 대화와 그룹 파티 등 다양한 상호활동을 할 수 있었다. 또한 미니라이프에는 방송이나 영화 콘텐츠 등 가상 스튜디오가 개설되어 있어, 각 사용자들이 자기 아바타로 가상 세트장을 방문해 드라마나 영화 등을 체험할 수 있었다.

싸이월드 미니라이프의 메타버스 속성	
실재감	VR 기술(HMD, 모션 센서 등)을 통하여 비언어적 의사 표현을 자유롭게 할 수 있는가?→웹 브라우저 환경만 지원했으며 VR 기기와의 연동은 지원하지 않는다.
시장 및 경제성	사용자 간 거래가 이루어지는 시장이 존재하는가? 해당 플랫폼 내의 경제적 가치가 플랫폼 외부로 환전되는가?→사용자 간 거래는 불가능했으며, 플랫폼 내의 가상화폐인 사이버 머니를 플랫폼 외부로 환전하는 기능은 지원하지 않았다.
개방성 및 상호운용성	내장된 저작툴을 통하여 누구나 플랫폼 내부에서 창작활동을 할 수 있는가? 라이프로깅 데이터와의 연동이 이루어지는가? 플랫폼 내부의(내부에서 창작된) 오브젝트를 외부 시스템과 손쉽게 호환할 수 있는가?(해당 플랫폼이 협업을 위한 도구가 될 수 있는가?)→창작을 위한 저작툴은 따로 존재하지 않았다.

라인 플레이 © 네이버, 2012

라인 플레이(2012)

네이버에서 개발한 아바타를 활용한 커뮤니티 서비스이다. 네이버의 메신저 서비스인 라인 이용자들을 대상으로 자신의 아바타를 만들고, 본인만의 가상공간을 꾸밀 수 있으며, 타 사용자와의 채팅이나 다양한 이벤트 참여가 가능한 플랫폼이다. 당시 인기 연예인이던 싸이, 박봄, 슈퍼주니어와 헬로키티 같은 캐릭터들의 계정이 운영되었다.

라인 플레이의 메타버스 속성	
실재감	모바일 환경에만 대응하는 2D 아바타 커뮤니티 게임으로, VR 기기와의 연동 또한 불가능하다.
시장 및 경제성	사용자 간 거래는 불가능하며, 충전이나 인게임 활동을 통해 얻은 사이버머니를 플랫폼 외부로 환전하는 것도 불가능하다.
개방성 및 상호운용성	아바타 커스터마이징 외에 창작과 비슷한 개념의 기능은 지원하지 않았다.

2003년의 세컨드 라이프부터 2012년의 라인 플레이까지 1세대 메타버스 플랫폼에서 메타버스라는 용어를 직접 사용하지는 않았으나, 가상현실에서 아바타를 활용한 소통과 참여를 중시하는 형태의 서비스들이 존재했다. 대부분 커뮤니케이션 서비스/게임 등의 장르로, 현재의 메타버스 서비스와 비교했을 때 세컨드 라이프를 제외하고는 창작의 자유도나 경제성, 시장 유무 면에서 차이가 있다. 그 영향력에서는 분명한 차이가 있지만, 사용자가 가상공간이나 아바타 등을 창작하는 자유가 있었고 메타버스에서 가상화폐를 사용한 경제활동이 가능했기에 세컨드 라이프가 지속해서 서비스될 수 있었을 것이다.

결국 1세대 메타버스의 흥망성쇠는 세컨드 라이프로부터 시작되고, 또 세컨드 라이프에서 끝이 났다고 볼 수 있다. 1세대 메타버스의 역사를 통해 배울 수 있는 한 가지 분명한 점은 가상세계 내에서 자유가 지니는 양면성이다. 세컨드 라이프가 2세대 메타버스까지 살아남을 수 있었던 것은 분명 가상공간, 아바타 등을 창작할 수 있는 자유가 있었기 때문이다. 1세대 후발주자들은 이러한 창작의 자유에 있어서 세컨드 라이프보다 분명 제약이 있었다. 창작의 자유도에 한계가 있다 보니, 표현과 행동의 자유에도 한계가 있을 수밖에 없었다. 하지만 이는 1세대 메타버스 후발주자들의 다분히 계산적인 선택으로 추측할 수 있다. 이는 바로 세컨드 라이프에 의해 1세대 메타버스가 쇠퇴한 원인과도 직결된다. 바로 표현과 행동의 자유이다.

이미 세컨드 라이프를 출시한 직후부터 이러한 '자유'에 대한 수많은 우려가 발생하고 있었다. 전혀 통제되지 않는 표현과 행동의 자유는 마치 유토피아의 종말을 미리 보여주는 듯했다. 통제되지 않는 자유공간 안에서 법적인 제약을 벗어난 사용자들은 난잡함 말고는 달리 표현할 말이 없을 정도의 행동들을 보였다. 가상공간에서의 '성의 해방(?)'은 우리가 상상만 하던 성관계의 미래(Virtual Sex)에 대한 단상처럼 표현되기도 했다. 하지만 결국 메타버스도 서비스이고 콘텐츠였다. 통제를 벗어난 콘텐츠는 사용자가 한정될 수밖에 없었고, 성인 사용자만으로 대상이 국한되었다. 1세대 메타버스의 후발주자들은 통제를 벗어난 자유로 세컨드 라이프가 폭주하는 것을 지켜보며, 서비스로서 그리고 콘텐츠로서 최소한의 윤리와 안전을 지키려고 했던 것일 수도 있다. 결국 선행주자의 폭주로 접근에 대한 부담감이 증폭되었고, 이를 우려한 후발주자들이 제약을 받을 수밖에 없었다. 그 안에서 사용자가 느끼는 답답함이 증가하면서 결국 1세대 메타버스는 사라지거나(사용자가 답답해하고 흥미를 느끼지 못하는 콘텐츠는 도태된다), 혹은 언급 자체가 금기시되기도 했다(성인들만이 혹은 성인조차도 접근하기 난감한, 언급하기도 어려운 매우 마니악한 콘텐츠라서).

이러한 과거 1세대 메타버스의 실패 원인을 학습한 많은 전문가가 2세대 메타버스에서 가상공간이나 아바타, 오브젝트 등을 창작하는 자유의 중요성에 대해서는 이구동성으로 동의하고 있다. 하지만 활용 가능한 콘텐츠나 사용자들의 메타버스 내 행동에 대해서는 윤리 및 도덕적 가이드라인을 통해 최소한의 규제가 필요하다고 보았다. 결국 돌아보고 참조할 만한 과거가 있기에, 앞으로의 메타버스는 현재를 넘어 그 어느 때보다 기대치가 높다. 1세대 메타버스는 2세대, 그리고 메타버스의 미래를 위한 토대로서 그 역할을 충분히 수행했다.

4. 메타버스의 현재: 가상·현실 경계 허문 '메타버스'가 펼치는 세상

지금까지 과거 1세대 메타버스 플랫폼의 특성을 살펴보았다. 그렇다면 현재 2세대 메타버스는 어떻게 변화했고 1세대 메타버스 플랫폼과 어떤 차이점이 있을까?

여기서는 과거 1세대 메타버스 플랫폼과 동일하게, 현재 가장 활발하게 운영 중인 2세대 메타버스 서비스들의 특징을 실재감, 시장 및 경제성, 개방성 및 상호운용성의 3가지 항목으로 살펴볼 것이다. 앞에서와 마찬가지로 '실재감'은 VR 기술의 활용을 통한 비언어적 의사표현 자유도와 즉각적인 몰입도 수준을 의미하며, '시장 및 경제성' 항목은 플랫폼 내 사용자 간의 경제 거래, 화폐 존재 여부에 따른 시장 및 경제성을 살펴본다. '개방성 및 상호운용성' 항목은 저작툴을 통한 창작활동과 라이프로깅 연동, 플랫폼 내 활용 오브젝트 등의 외부 프로그램 활용 여부와 호환이 가능한지 등을 분석했다.

로블록스(Roblox, 2006)

로블록스는 2006년 처음 출시되어 세계 180여 국가에 서비스되고 있는 게임 플랫폼이다. 처음에는 게임 플랫폼으로 시작했지만, 사용자가 직접 가상세계를 만들어 그 안에서 아바타를 활용하여 자유롭게 놀이를 즐기는 플랫폼이다 보니 자연스럽게 메타버스로 진화했다. 현재는 1세대 메타버스로서 가장 오랫동안 대중적으로 사랑받고 있는 플랫폼이다. 2016년 4월에는 오큘러스 리프트용 버전도 출시되어 몰입성을 높였다. 특히 코로나19 이후에 접속량이 급증해, 2021년 1분기 기준 접속자 수가 4,210만 명 수준이다. 2006년 출시된 플랫폼이 최근 가파르게 성장해 주목받고 있는 가장 큰 이유는 출시 후 지금까지 누적된 UCC(User Created Contents, 사용자가 직접 제작한 콘텐츠)들을 통해 다양한 경험을 할 수 있고, 코로나19 여파로 비대면 문화가 급성장했기 때문으로 보인다.

로블록스 © Roblox, 2006

로블록스의 메타버스 속성	
실재감	2016년 4월 VR 버전이 출시되어, VR 및 센싱 장치를 활용한 입력이 가능해졌다.
시장 및 경제성	아이템 및 화폐 거래 시스템이 존재한다. 또한 자체적인 개발자 환전 프로그램인 DevEX를 통해 수익을 분배해 사용자의 참여를 유도하고 있다. 성인이 아니더라도, 만 13세 이상의 사용자, 로블록스 자체 화폐인 로벅스 누적 10만 이상, 그리고 로블록스 프리미엄 멤버십 가입자이기만 하면 수익 창출이 가능하다(자체 기준이 있어서 로벅스 기준 대비 실제 화폐 환전율에 따라 현금을 지급한다). 2020년 창작물에 대한 총 2억 5천만 달러 정도의 수익을 위의 조건에 맞는 사용자들에게 지급했다.
개방성 및 상호운용성	로블록스 스튜디오를 이용해 사용자가 직접 게임을 디자인할 수 있다. 사용자가 직접 디자인한 3D 오브젝트들은 외부 툴을 활용해서 제작해야 한다. 자체적인 툴을 활용한 완전히 자유로운 창작활동으로 보기에는 어느 정도 제약이 있다.

로블록스 © Roblox

포트나이트(Fortnite, 2017)

포트나이트는 에픽 게임즈(Epic Games)에서 개발하여 2017년에 출시한 온라인 FPS(First Person Shooter, 1인칭 슈팅 게임) 게임이다. 포트나이트는 최종적으로 살아남은 사용자가 승리하는 '배틀로얄' 방식의 게임으로 국내에서 개발한 배틀그라운드(크래프톤, 2017)와 유사한 방식의 게임이다. 여러 명의 사용자가 경쟁하여 승자가 나오는 방식의 게임이

포트나이트 © Epic Games, 2017

포트나이트에서 열린 트래비스 스콧의 가상 콘서트 © Epic Games, 2020

다. 포트나이트의 인기로 이스포츠(e-Sports)가 활성화되고, 게임 영상 등이 다양한 매체를 통해 공유되면서 하나의 또래 문화로 자리 잡기 시작했다.

한국콘텐츠진흥원의 2019년 보고에 따르면, 미국 10~17세 청소년의 약 40%가 매주 한 번 이상 포트나이트에 접속하여 전체 여가 시간의 25%를 보낸다고 한다. 그만큼 10대들에게 포트나이트는 하나의 중요한 문화 아이콘으로 자리 잡았다. 무엇보다 2020년대의 10대로 대표되는 Z세대들에게 포트나이트는 본래의 의도인 게임 콘텐츠를 넘어선 하나의 소통 플랫폼 역할을 하고 있다. Z세대들은 포트나이트에서 게임만 하는 것이 아니라 포트나이트라는 세계관으로 만들어진 가상세계에 접속해 다른 또래 사용자들과 소통한다. 실제 아티스트들이 자기 아바타를 활용해 가상세계에서 진행하는 공연에도 참여하고, 음악을 듣고, 영화를 관람하기도 한다. 가상세계에서 가상의 자아인 아바타를 활용해 다른 사용자의 아바타와 비대면 소통을 함으로써 현실이 아닌 가상에서 일상과 유사한 경험을 하는 것이다.

이러한 다양한 비대면 소통이 가능한 이유는 포트나이트 게임에 '파티로얄'이라는 평화지대가 존재하기 때문이다. 파티로얄은 전투가 벌어지지 않는 일종의 비무장 평화지대다. 이곳에서 사용자들은 상대방을 죽이는 게임 행위를 하는 것이 아니라, 다양한 비대면 소통 활동을 한다. 아이러니하게도 다른 사용자들을 제거하고 마지막까지 살아남아야 하는 가장 잔인한 방식의 게임 플랫폼에서 소통과 교감을 중시하는, 그 어떤 메타버스 플랫폼보다 메타버스의 정의에 가장 부합하는 사용자 간 소통이 이루어지고 있다. 특히 코로나19 이후의 포트나이트는 경쟁 순위 같은 게임 본연의 이슈보다는 메타버스 공연이나 전시회 같은 비대면 행사 등으로 더 주목받고 있다. 앞으로 기존의 게임 콘텐츠로서 입지를 지킬 것인지, 아니면 본격적인 메타버스 플랫폼으로서 서비스를 강화할지 귀추가 주목되는 플랫폼이다.

포트나이트의 메타버스 속성	
실재감	현재는 VR 기기와의 연동이 지원되지 않는다. 하지만 3D FPS 게임이라는 특징 때문에, 개발사의 의지만 있다면 충분히 추가할 수 있다.
시장 및 경제성	공식적인 거래 시스템은 존재하지 않으며, 기본적으로 온라인 게임인 만큼 환전도 불가능하다(게임법상 게임 재화를 실제 현금으로 환전하는 것은 불법이다).
개방성 및 상호운용성	포크리 모드를 통해 사용자의 섬을 직접 자유롭게 꾸밀 수는 있으나 다른 샌드박스 게임과 동일한 수준으로, 완전히 자유로운 저작 활동이 가능한 수준은 아니다. 외부 툴을 이용한 저작도 불가능하다.

포트나이트 © Epic Games

VRChat(2017)

VRChat은 2017년 2월 스팀을 통해 무료로 발매된 VR 기반의 멀티 플랫폼이다. 게임이나 앱 제작 등에 활용되는 유니티 엔진으로 아바타와 게임세계를 제작할 수 있고, 이를 VRChat을 통해 다른 사용자들과 공유할 수 있다. 자체적인 저작툴을 활용하는 것은 아니라서 일반 사용자들의 접근성은 조금 떨어지는 편이다.

VRChat 화면 캡처 © VRChat, 2017

VRChat의 메타버스 속성	
실재감	HMD 기반의 VR 기기들과 호환되는 풀 트래킹 기술이 적용되어 있다. 즉 사용자의 실제 움직임을 가상세계 속 아바타가 그대로 표현하여, 이를 통해 전달되는 실재감은 매우 높다. 유사한 형식의 네오스 VR과 비교해보면, 네오스 VR은 풀 트래킹과 눈동자의 움직임도 반영하는 아이 트래킹도 지원하지만, VRChat에서는 아이 트래킹까지는 지원하지 않는다. 따라서 다른 메타버스 플랫폼과 비교했을 때 실재감은 높은 편이나, 상대적으로 네오스 VR보다는 약하다.
시장 및 경제성	플랫폼 내에 화폐 및 거래 기능은 존재하지 않고, 사용자 간 거래가 이루어지는 시장도 존재하지 않는다.
개방성 및 상호운용성	유니티와 같은 외부 게임 엔진을 통해 제작한 후 이를 임포트*하는 방식으로만 개발할 수 있다. 공식적으로는 사용자가 플랫폼 내부적으로 접근할 수 없어서, 개방성과 상호운용성은 그다지 높지 않은 편이다.

• Import: 다른 컴퓨터 시스템으로부터 자기 시스템 안에 데이터 등을 들여놓는 것

네오스 VR(Neos VR, 2018)

네오스 VR은 Frooxius와 Solirax가 공동 개발하고 Solirax가 배급하고 있는 HMD VR 기반의 메타버스 플랫폼이다. 2세대 메타버스 플랫폼 중 VRChat과 마찬가지로 HMD VR을 기반으로 하며, 처음부터 소통 중심의 메타버스 플랫폼을 목적으로 개발되었다. 게임으로 시작되어 메타버스로 활용되는 다른 플랫폼들과는 실재감과 몰입감, 제작 자유도 등에서 크게 차별화된다.

온전히 메타버스라는 콘셉트를 목표로 설계된 플랫폼이라서, 사용자들 간의 상호작용을 촉발하기 위한 다양한 기능을 보유하고 있다. 이러한 기술적 가능성을 통해 간단한 샌드박스 형태의 미니 게임부터, 해당 플랫폼을 기반으로 한 인디 게임, 간단한 소통, 비대면 교육 콘텐츠와 체험 콘텐츠, 비대면 메타버스 행사에 이르기까지, 그 활용 가능성이 무궁무진하다.

모든 자체 개발 콘텐츠와의 연동이 가능한 개방형 메타버스 플랫폼이라서 자체적인 저작툴뿐만 아니라 유니티나 언리얼 등 외부 툴과

네오스 VR 화면 캡처 © 네오스 VR, 2017

네오스 VR 화면 캡처 © 네오스 VR, 2017

의 연동도 자유롭다. 따라서 앞에서 언급한 다양한 자체 제작 콘텐츠를 네오스 VR 플랫폼을 통해 공유할 수 있다. '현실의 연장과 연계'라는 메타버스의 기존 개념에 가장 근접한 플랫폼으로 볼 수 있다. 풀 트래킹과 아이 트래킹부터 몸에 착용해 햅틱* 피드백을 받을 수 있는 바디 슈트와 촉각 슈트 등도 지원해주고 있어, 사용자의 거의 모든 실제 동작이 가상세계에 반영된다. 그뿐 아니라, 가상세계에서의 경험이 바디 슈트나 촉감 슈트 등을 통해 다시 물리적으로 사용자에게 전달되어, 현재 가장 완벽한 가상/현실, 현실/가상 상호작용이 가능한 메타버스 플랫폼이다. 이러한 개방성과 기술적 활용 가능성 등을 고려하면, 다른 2세대 메타버스 플랫폼과 비교했을 때 메타버스 콘텐츠 유통면에서 가장 활용도가 높다. 그러나 기술적 완성도를 비교해보면, 다른 거대 개발사의 메타버스 플랫폼보다 대중적 인지도는 매우 부족한 편이다. 이러한 이유로 네오스 VR이 지닌 역량에 비해, 실제 활용도는 많이 떨어지는 편이다.

* Haptic: 컴퓨터 기능 가운데 촉각과 힘, 운동감 등을 느끼게 하는 기술.

네오스 VR의 메타버스 속성	
실재감	거의 모든 VR 기기와의 연동을 지원한다. VRChat과 마찬가지로 풀 트래킹, 더 나아가 아이 트래킹도 지원한다. 사용자의 실제 눈의 움직임과 시선 등이 가상세계의 아바타를 통해 그대로 구현되어, 사용자가 무엇을 응시하고 있는지, 눈을 감고 있는지, 뜨고 있는지까지 아바타를 통해 확인할 수 있다. 또한 다양한 하드웨어와의 연동이 가능해, 현재 서비스 중인 모든 메타버스 플랫폼 중에서 가장 진화한 상호작용을 할 수 있다. 사용자의 실제 움직임을 가상세계에 구현하는 것을 넘어, 사용자 아바타의 가상세계 경험을 다양한 햅틱 디바이스를 통해 현실의 사용자에게 진동 등의 형태로 전달해, 현실/가상, 가상/현실 양방향 상호작용이 가능하다. 이러한 양방향 상호작용으로 즉각적인 몰입감인 Immersion과 실재감을 매우 높게 느낄 수 있다. 사용자는 이러한 실재감을 통해 가상의 행동을 현실의 행동처럼 받아들여 더욱더 몰입하게 된다. • PCVR & 모바일 VR 간 교차실행 • 인덱스 컨트롤러 지원(손가락 추적) • 풀 바디 아바타에서의 립(Leap Motion) 모션 기기 지원 • 바이브 프로 아이의 시선 추적기능 지원(시선, 깜빡임, 동공의 크기 등) • HTC의 립 트래킹 모듈(Lip Tracking Module) 지원(입술, 뺨, 혀의 움직임 등을 아바타에 적용할 수 있다) • VR 바디슈트(비햅틱스(bHaptics) 촉각슈트, OWO Game Vest 등) 지원
시장 및 경제성	자체 화폐인 네오스 크레딧을 전송하는 기능은 있으나, 판매와 구매를 할 수 있는 마켓은 아직 존재하지 않는다. 또한 네오스 크레딧은 실제 화폐로 환전할 수 있다.
개방성 및 상호운용성	자체적으로 제공하는 툴을 통해 아바타, 아이템 등의 3D 오브젝트부터 가상세계 저작에 해당하는 맵까지 창작할 수 있다. 외부 툴을 이용하여 제작된 3D 오브젝트를 불러와서 편집하거나, 네오스 VR에서 저작 중이던 오브젝트를 외부 툴에서 열어서 저작 작업을 이어갈 수도 있다. 또한 플랫폼 내의 자체적인 저작툴을 통해 작업 중인 내용이 가상세계에 실시간으로 반영된다. 자체 저작툴뿐만 아니라 외부 저작툴과의 자유로운 호환으로 더욱더 적극적이고 자유로운 창작활동이 가능하여, 메타버스 플랫폼으로서의 추후 행보가 기대된다. 다만 앞에서 언급한 바와 같이 이러한 기술적인 가능성에 비해, 오히려 기술적 진입 장벽이 높은 VRChat보다도 인지도가 낮다. 네오스 VR의 서비스가 중단될지도 모른다는 불안감에 사용자들은 자발적으로 해당 메타버스 플랫폼의 성능과 가능성에 대해 널리 알리고 있다. 자유로운 창작과 높은 자유도, 그리고 강요하지 않는 자발적인 소통은 메타버스 정의에 가장 부합한다. 하지만 낮은 인지도로 인해, 현재보다 미래가 더 기대될 수밖에 없는 안타까운 플랫폼이기도 하다.

제페토(2018)

네이버에서 개발한 스마트폰 전용 메타버스 서비스다. 사용자들은 자신들의 아바타를 생성하여, 제페토 내에서 게임이나 회의 등을 할 수 있다. 제페토는 아바타를 이용한 놀이(게임)와 소통 중심의 플랫폼으로, 특히 10대를 중심으로 높은 영향력과 점유율을 보인다. 1세대 메타버스 플랫폼인 세컨드 라이프와 비교하면, 제페토는 서비스 내부에서 자체적으로 제공하는 게임이 다양하다. 따라서 세컨드 라이프처럼 사용자의 행동에 완전한 자유를 주기보다는 어느 정도 행동이 통제된다고 볼 수 있다. 아바타 저작도 완전한 자유를 보장하기보다는 한정된 기능 안에서 창작하는 거라서 콘텐츠 수위를 통제할 수 있다. 즉 통제를 벗어난 혹은 통제가 불가능했던 세컨드 라이프에 비해, 활용 콘텐츠나 아바타 디자인에서 수위를 조절해, 다양한 연령층이 활용할 수 있는 플랫폼으로 운영되고 있다. 완전한 자유를 보장하기에 마니악하고, 전 연령층이 즐기기에 불가능한 방향으로 흘러간 세컨드 라이프와는 대조되는 모습이다. 세컨드 라이프로 대표되는 1세대 메타버스

제페토 © 네이버 제트, 2018

플랫폼과 가장 큰 차이점을 보이는 '통제와 제어를 기반으로 하는 메타버스'라는 2세대 메타버스 플랫폼의 방향성을 가장 잘 보여주는 사례다.

제페토의 메타버스 속성	
실재감	안드로이드와 iOS 기반의 스마트폰 전용 콘텐츠로 VR 기기와의 연동은 불가능하다.
시장 및 경제성	빌드잇 시스템을 통해 사용자가 직접 만든 패션 아이템 등을 판매할 수 있다. 거래 품목은 아바타의 데코레이션을 위한 패션 아이템에 한정되며, 자체 제작 맵은 전체 공개로 수익을 낼 수 없다. 이미 유명 패션 브랜드 등이 아바타 전용 패션 아이템 판매로 수익을 내고 있다. 또한 제페토 스튜디오를 이용하면 더욱더 전문적인 아이템 저작이 가능하다. 제페토 안에서 사용자가 아이템을 만들어 판매하면, 이는 가상화폐인 젬으로 지불된다. 젬은 유료로 구매할 수 있다.
개방성 및 상호운용성	제페토 스튜디오를 제공하여 아이템, 맵 등을 더 전문적으로 저작할 수 있는 기능을 제공하고 있으며, 유니티 엔진과의 연동도 가능하다. 또한 콘텐츠 심사 제도를 운영해 콘텐츠 수위도 제어하고 있다. 제페토는 상업적으로 가장 특화된 메타버스 모델로 설명될 수 있다. 콘텐츠는 철저하게 감시되고 제어된다. 문제가 될 우려가 있는 콘텐츠는 등록할 수 없게 해놓거나 발견 즉시 삭제되어 안전하게 운영된다. 이러한 부분은 1세대 메타버스의 사례를 철저하게 학습하고 보완한 결과로 보인다. 이러한 통제와 제어가 있기에 다양한 연령층, 특히 어린 사용자층의 유입도 가능할 수 있었다. 또한 기존 기업들 및 다양한 전문 크리에이터들과의 협업을 통해 구매 욕구를 자극하는 다양한 아이템들을 판매하고 있다. 원칙적으로는 제페토 내에서 다양한 활동을 통해, 혹은 창작 작업물을 판매해 얻을 수 있는 젬이라는 가상화폐로 구매 가능하나, 제공되는 젬이 극히 제한적이라서 현금 결제와 아이템 창작활동으로 자연스럽게 유도되고 있다. 이러한 수익 모델이 존재하기 때문에, 기존 기업들과 크리에이터의 참여가 지속해서 늘어나는 추세다.

모여봐요 동물의 숲(2020)

기본적으로는 닌텐도의 게임 콘솔을 통해 즐기는 게임 시리즈다. 모여봐요 동물의 숲(이하 동물의 숲) 게임 속 시간은 사용자가 설정한 시간대와 동일하게 흘러간다. 즉 현실에서의 24시간은 동물의 숲 안에서의 24시간이며, 현실의 계절과 동물의 숲에서의 계절도 동일하게 흘러간다. 사용자는 처음에 정한 아바타로 아무것도 없는 무인도에서 생활한다. 여러 미션을 통해 집이나 도구, 옷 등을 만들어가고, NPC 동료들을 마을 주민으로 섭외해가며 생활할 수 있다. 마을을 꾸미거나 도구나 옷 등을 만들 수 있는 모든 기능을 얻을 때까지의 흐름은 일반적 게임의 흐름과 유사하다. 그러나 모든 기능을 얻고 나서는 사용자가

모여봐요 동물의 숲 © 닌텐도, 2020

'모여봐요 동물의 숲'을 미국 대선에 활용한 바이든 캠프 © 바이든 캠프, 2020

원하는 대로 마을을 꾸미고, 옷이나 도구를 만들 수 있으며, 동물의 숲 내에서의 다양한 활동을 다른 사용자들과 함께할 수 있다는 점에서 제페토와 유사한 메타버스 플랫폼의 특징을 보인다. 낚시, 곤충 잡기부터 시작해, 지속적인 업그레이드를 통해 수영, 잠수까지 다른 사용자와 함께할 수 있는 행동들이 계속 업데이트되고 있다. 제페토와의 차이점은 사용자들이 만든 아이템 등이 공식적으로는 판매가 아닌 나눔, 즉 무료 공유의 형태로 이루어진다는 점이다. 비공식적으로는 사용자 간의 물물교환 등이 가능하다.

이러한 기능이 2020년 미국 대선에 활용되기도 했다. 당시 바이든 캠프에서 동물의 숲 게임 안에 바이든 후보를 지지하는 팻말, 티셔츠 등 총 4개의 디자인을 무료 배포했으며, 바이든 후보와 해리스 부통령 후보의 캐릭터도 제작해 선거 유세를 동물의 숲이라는 메타버스 공간으로 확대했다. 바이든의 지지자들이 아이템을 다운로드받아서 자신의 게임에 적용하면, 그 섬을 방문하는 다른 사용자에게 홍보가 되는 것이다.

모여봐요 동물의 숲의 메타버스 속성	
실재감	닌텐도 기기에서만 실행 가능하며, VR 기기와의 연동은 지원하지 않는다.
시장 및 경제성	비공식적인 사용자 간의 물물교환만이 존재하며, 원칙적으로 동물의 숲 소프트웨어를 상업적 목적으로 사용하는 것은 불가능하다. 일부 기업들이 홍보 목적으로 제작하여 공유한 아이템들은(바이든 캠프의 선거 유세용 아이템 포함) 모두 무료 배포이며, 전 세계적으로 인기 있는 동물의 숲 플랫폼으로 직접적인 수익 이상의 홍보 효과를 얻을 수 있었다. 이는 바이든 캠프에서 동물의 숲을 적극적으로 선거 유세에 활용한 사례에서도 찾아볼 수 있다.
개방성 및 상호운용성	대다수 샌드박스 게임의 주요 콘텐츠인 캐릭터 커스터마이징(옷 만들기, 패턴 만들기), 섬 꾸미기 외에는 창작의 개념과 유사한 콘텐츠가 없다. 따라서 온전히 자유롭게 창작활동이 이루어진다고 보기는 어렵지만, 캐릭터 커스터마이징에 활용되는 옷 만들기나 패턴 만들기 등의 기능이 다양한 기업 홍보에 활용되었다.

게더타운(Gather, 2020)

게더타운은 미국의 스타트업 기업인 게더(Gather)가 만든 일종의 온라인 사무실이다. 코로나19로 비대면 업무나 수업 등이 늘어나면서 대중적인 인지도를 얻기 시작했다. 2021년 3월 2,600만 달러(한화 약 290억 원) 규모의 투자를 유치한 것으로 알려졌다. 누구나 쉽게 접속할 수 있으며, 회원 가입을 하지 않고도 동시 접속한 25명 미만까지는 무

게더타운 © Gather, 2020

드래곤 퀘스트3 © Square Enix, 1988

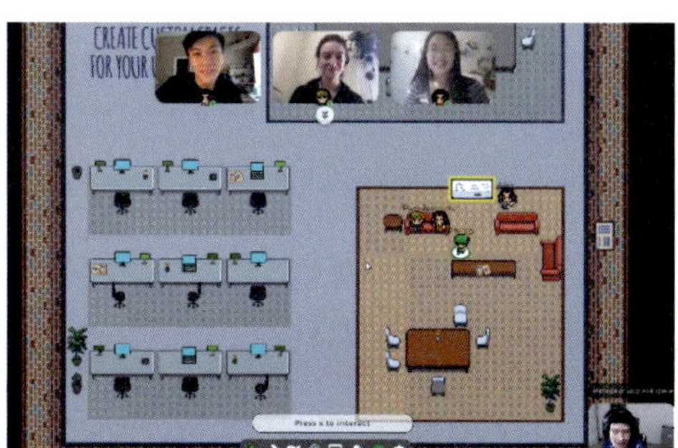

게더타운이 화상회의 시스템으로 전환된 모습 © Gather, 2020

료 이용이 가능하다. 다른 메타버스 플랫폼과 달리 8비트 게임 수준의 픽셀로 이뤄진 2등신 캐릭터를 활용하며, 일반 게임처럼 키보드의 W/A/S/D 키를 이용하여 상하좌우 이동이 가능하다. 드래곤 퀘스트나 파이널 판타지와 같은 8비트 RPG와 매우 유사한 형태다.

하지만 이러한 아바타를 조정하여 다른 아바타를 만나게 되면, ZOOM과 같이 화상회의 시스템으로 전환된다. 즉 8비트 게임 같은 가상세계가 다른 사용자 아바타와 접촉하면, 화상회의 시스템을 통해 현실의 사용자와 연결된다는 점이 다른 메타버스 서비스들과의 차이점이다. 아바타나 가상세계를 구축하는 방식은 8비트로 이루어져 있어 다른 메타버스 서비스보다는 쉽게 접근할 수 있다. 또한 비대면 업무나 수업 등에 활용할 수 있는 화상회의 시스템, 화이트보드(작성된 내용의 공유), 회의실, 강연장(내용 공유, 공동 영상 시청 가능) 등의 기능을 적용하여 업무 효율성을 높였다. 상대적으로 진입 장벽이 높은 고퀄리티의 아바타나 가상세계를 이용하는 다른 플랫폼들에 비해, 직관적이고 단순한 가상세계와 아바타를 활용해 쉽게 접속할 수 있다. 코로나19로 인한 비대면 시대에 일반 사용자들의 진입장벽을 낮춰서 성공한 사례다.

게더타운의 메타버스 속성	
실재감	채팅이나 카메라, 마이크를 이용한 실시간 소통이 가능하긴 하나 VR 기술이 접목될 여지가 현재로서는 없다. 기본적으로 2D 캐릭터를 기반으로 한 간단한 의사 표현만 가능하다.
시장 및 경제성	게더타운은 사이버 공간에서 화상회의를 지원하는 구독 서비스로, 사이버 머니와 사용자 간 거래 시스템이 존재하지 않는다.
개방성 및 상호운용성	게더타운은 기존 화상회의 플랫폼에 게임을 연상시키는 2D 그래픽의 가상세계를 결합한 플랫폼이다. 맵의 관리자가 자신이 생성한 맵을 꾸미는 것 외에 사용자의 창작활동을 지원하지는 않는다.

이프랜드(Ifland, 2021)

이프랜드는 SK텔레콤에서 2021년에 출시했다. 누적 가입자 300만 명이 넘은 SKT의 기존 메타버스 플랫폼인 점프 버추얼 밋업의 운영 노하우를 바탕으로 했다. 코로나19 이후의 비대면 문화시대와 MZ 세대의 니즈에 맞춘 새로운 메타버스 플랫폼이다.

매우 직관적인 UI를 사용하므로, 사용자가 쉽고 간단하게 서비스를 즐길 수 있다. 저작이나 접근성 등이 복잡하고 어려워 사용에 있어서의 문제가 지적되어온 다른 메타버스 서비스와 달리, 매우 쉽게 사용자의 개성을 살린 아바타를 생성할 수 있도록 설계되었다. 비대면 업무나 수업 등이 필수인 시대에 개발된 플랫폼인 만큼 게더타운처럼 문서와 영상 공유 기능 등이 지원되었다. 또한 다른 플랫폼들에 비해 공간 제작이 수월하고 한 공간에 최대 130명까지 수용할 수 있어서 비대면 회의, 모임, 졸업식, 수업 등 다양한 단체 행사도 가능하다.

현재의 비즈니스 모델도 다른 메타버스 플랫폼들이 기업과 소비

이프랜드 © SKT, 2021

자 혹은 소비자와 소비자 간의 활동에 집중한 것과 달리 대학교, 기업 행사 등 B2B용으로 활용되고 있다. 접근성이 쉬운데도 현재 많이 활용되지 못하는 점은 조금 아쉽다. 이프랜드가 다양하게 활용되려면 저작툴이 보완되어야 한다. 현재 서비스 중인 2세대 메타버스 플랫폼들이 1세대 메타버스 플랫폼과 구별되는 가장 큰 차이점은 VR/AR 기술로 대표되는 실재감이 커지고 활용 콘텐츠를 제어할 수 있게 되었다는 것이다. 특히 콘텐츠를 제어하는 것은 메타버스라는 자유로운 가상공간에서 윤리와 도덕성을 관리함으로써 특정 세대만이 아닌 전 세대를 아우르는 가상세계로 메타버스 플랫폼을 활용할 수 있게 한다. 물론 2세대 메타버스 플랫폼 내에서도 완벽한 통제와 제어를 하기는 어려울 수 있으나, 1세대로부터 얻은 학습효과 덕분에 메타버스 세계의 자유에 대한 개념도 현실적으로 조정되고 있다. 또한 다양한 가상현실 기술과 햅틱 기술 덕분에 실재감이 커지고 있으므로, 콘텐츠의 도덕성과 윤리는 초창기 메타버스 때와는 분명 다르게 접근해야 할 것이다.

이프랜드의 메타버스 속성	
실재감	향후 VR 기기인 오큘러스 퀘스트 OS까지 서비스를 확대한다는 계획을 발표했다.
시장 및 경제성	사용자 간 거래 또는 플랫폼 내에서의 경제활동이 거의 불가능하며, 사이버 머니의 환전 또한 지원하지 않는다.
개방성 및 상호운용성	모바일 기기를 통해 가상공간에서 쉽고 빠른 커뮤니케이션을 하는 데 초점을 맞춘 플랫폼으로, 창작을 위한 저작툴은 존재하지 않는다.

5. 메타버스 플랫폼 사례로 알 수 있는 메타버스 트렌드

지금까지 과거부터 현재까지의 메타버스 사례 분석을 통해 메타버스 플랫폼의 발전 과정을 살펴보았다. 초창기 메타버스인 세컨드 라이프부터 최근의 이프랜드까지, 그동안 메타버스 플랫폼에는 많은 변화가 이루어졌다. 1세대부터 현재의 2세대 메타버스까지 다양한 메타버스 플랫폼의 특성을 한눈에 알아보기 쉽게 표로 정리해보았다.

뒤에 나오는 표에서 볼 수 있듯이 세컨드 라이프, 로블록스, 제페토, 네오스 VR 등이 실재감, 시장 및 경제성, 개방성 및 상호운용성 측면에서 총점 2점 이상으로 다른 사례들보다 높게 나타났다. 특히 로블록스와 네오스 VR은 메타버스를 구성하는 3가지 항목 모두 높게 나왔다.

이러한 항목은 현재까지 연구되어 발표된 메타버스 관련 연구들

로블록스 영상 캡처 © Roblox

메타버스 플랫폼 종합 분석표(속성 ○=1점, △=0.5점, ×=0점)

이름	실재감	시장 및 경제성	개방성 및 상호운용성	합계
세컨드 라이프(2003)	×	○	○	2
퍼피레드(2003)	×	△	×	0.5
로블록스(2006)	○	○	△	2.5
게리모드(2006)	×	×	△	0.5
플레이스테이션 홈(2008)	×	×	×	0
싸이월드 미니라이프(2008)	×	×	×	0
라인 플레이(2012)	×	×	×	0
VRChat(2017)	○	×	×	1
포트나이트(2017)	×	×	△	0.5
제페토(2018)	×	○	○	2
네오스 VR(2018)	○	△	○	2.5
게더타운(2020)	×	×	×	0
모여봐요 동물의 숲(2020)	×	△	△	1
이프랜드(2021)	×	×	×	0

을 기반으로 한 것이며, 문화가 발전함에 따라 새로운 항목이 추가되거나 불필요한 항목이 생길 수도 있다. 특히 앞에서 언급한, 콘텐츠의 도덕성과 윤리를 통제하는 문제는 앞으로 메타버스 문화의 발전을 위해 우리가 매우 중요하게 다뤄야 할 부분이다. 실재감을 느끼게 해주

는 기술은 현재 메타버스를 서비스하는 플랫폼 중에서 극히 소수만 적용하고 있지만, 메타버스가 개념으로만 존재했던 초기부터 꾸준히 언급되어온 문제다. 수많은 영화나 애니메이션에서 막연한 공상의 수준으로 다양한 아이디어나 이상향이 제시되었다. 이러한 아이디어들은 가상현실 기술과 햅틱 기술의 발달로 빠르게 메타버스 플랫폼에 적용되고 있으며, 역으로 이러한 메타버스 구현을 위한 공상과 다양한 아이디어들이 가상현실과 햅틱 기술 발전의 촉매 역할을 하고 있다.

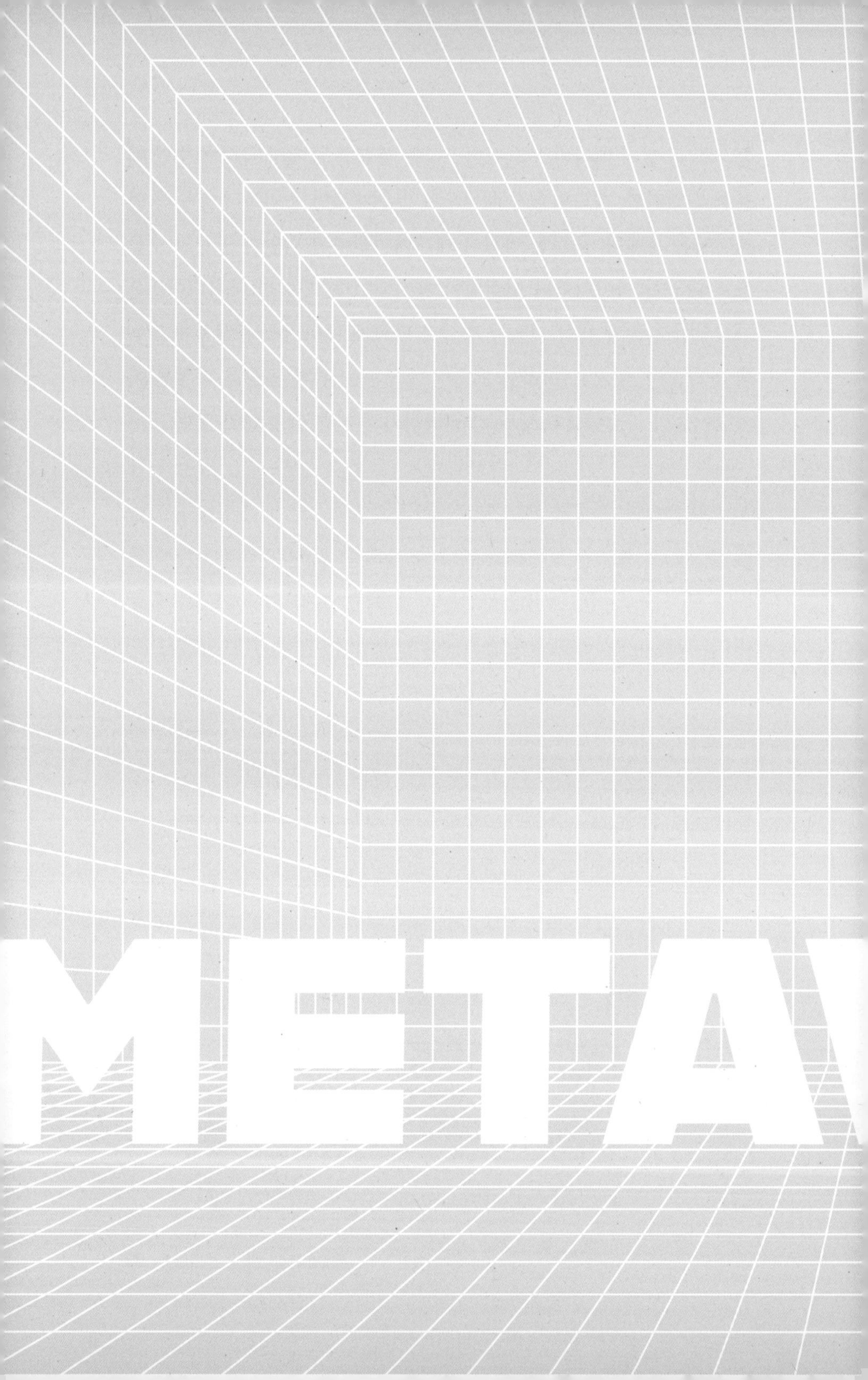
META

02

메타버스를 가능하게 하는 마법: 메타버스 구성 기술

VERSE

지금까지 살펴봤듯이, 진정한 메타버스 세상이 열리려면 현실공간에서 가능한 일들이 가상공간에서도 가능해져 가상공간과 현실공간의 경계가 무너져야 한다. 이것이 가능하려면 컴퓨터가 생성하는 디지털 가상공간이 현실과 구분되기 어려울 정도로 사실적으로 제시되어야 하고, 현실세계에 존재하는 오감(시각, 청각, 미각, 후각, 촉각 등) 등 각종 자극이 사실적으로 전달되어야 한다. 또한 세계와의 자연스러운 상호작용이 가능해야 하며, 다중 사용자가 실시간으로 상호작용할 수 있어야 한다. 즉 진정한 메타버스 세계를 경험하기 위해서는 강력한 연산능력을 지닌 컴퓨팅 기기, 사실적인 환경을 제공할 수 있는 디스플레이 기기, 각종 자극을 제공하고 세계와 상호작용할 수 있게 해주는 인터페이스 기기, 초고속 네트워크망과 같은 고퀄리티의 인프라, 그리고 알맞은 콘텐츠를 전달하고 각종 네트워크와 하드웨어를 제어할 수 있는 알고리즘들이 필수적이다.

코로나19로 인해 많은 사람이 메타버스라는 단어에 주목하게 되었고, 이를 실현 가능하게 해주는 기술들 역시 비약적인 발전을 이루었다. 하지만 진정한 메타버스를 실현하기에는 하드웨어와 소프트웨어 모두 풀어야 할 숙제가 한두 가지가 아니다. 이 때문에 일각에서는 메타버스가 기술적 성숙도에 비해 과도한 관심을 받고 있다는 경계의 시선을 보내고 있다. 여기서는 메타버스를 가능하게 만든 다양한 하드웨어와 소프트웨어 기술, 알고리즘을 소개할 것이다. 메타버스를 실현시키는 기술이 지닌 한계를 통해 현재의 메타버스 기기와 플랫폼들이 당면한 과제에 대해서도 알아볼 것이다. 현재 메타버스 기술의 한계를 극복하기 위한 다양한 시도와 사례를 살펴보고 메타버스의 향후 발전 방향에 대해서도 함께 생각해보자.

현실과 구분할 수 없을 정도로 사실적인 가상공간 렌더링

가상현실에서도 제공되어야 하는 현실세계의 오감 자극

1. 디스플레이 기술은 어떻게 메타버스를 창조했을까

지금의 메타버스가 있게 해준 가장 핵심적인 기술을 꼽으라고 한다면 헤드 마운티드 디스플레이(HMD, Head Mounted Display) 기술을 들 수 있다. 머리에 장착할 수 있는 디스플레이 장치로 양쪽 눈에 서로 다른 영상을 제시해 마치 실제 공간 속에 존재하는 것 같은 깊이감을 제공하는 기기다. 얼핏 보면 단순히 헬멧에 디스플레이를 달아서 양쪽 눈에 서로 다른 영상을 송출하기만 하면 되는 단순한 기기처럼 보이지만, 사실은 굉장히 복잡한 광학 기술이 적용되어 있다. HMD의 기술 발전 속도에 진정한 메타버스 플랫폼이 등장하는 시기가 결정된다고 해도 과언이 아니다. HMD 기술에 메타버스의 미래가 달려 있는 것이다. 이 때문에 구글(Google), 오큘러스(Oculus), HTC Vive, 소니(Sony), 밸브(Vavle), 삼성과 같은 각종 기업들이 차세대 VR/AR HMD를 만들기 위해 많은 노력을 기울이고 있다. 디스플레이 업체들도 HMD에 사용될 디스플레이 기술의 확보와 특허, 그리고 국제 표준을 선점하기 위한 노력을 기울이고 있다.

HMD가 나오기 전에도 VR 기기를 만들려는 다양한 시도가 이루어졌다. 1962년 출시된 입체영상 기기 '센소라마(Sensorama)'는 양쪽 눈에 서로 다른 영상을 비추어 시청자가 입체 영상을 느끼게 하는 장치였다. 입체 영상뿐만 아니라 음향, 진동, 냄새까지 모방해낸 시스템으로, 최초의 3D 영화관이기도 하다.

1966년에는 당시 워싱턴대학교 교수였던 토마스 퍼니스가 제작

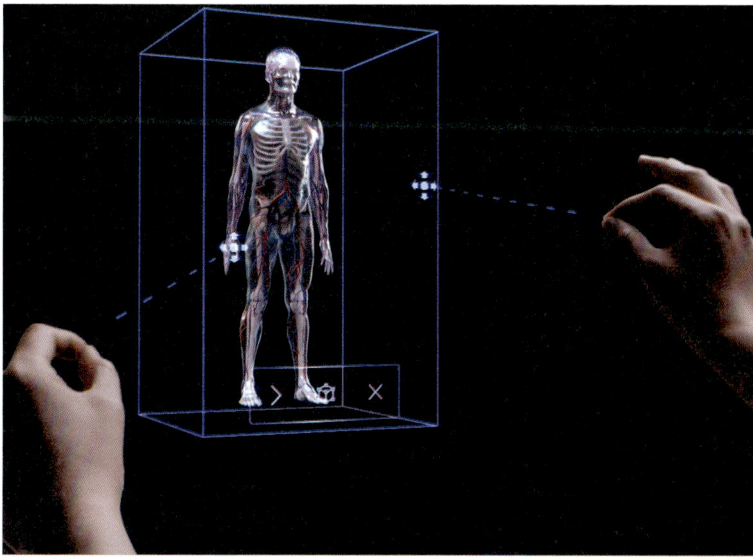

가상세계와의 자연스러운 상호작용을 위한 기술 © Microsoft

다중 사용자가 모여서 즐기는 가상공간 © VRChat, Taxi

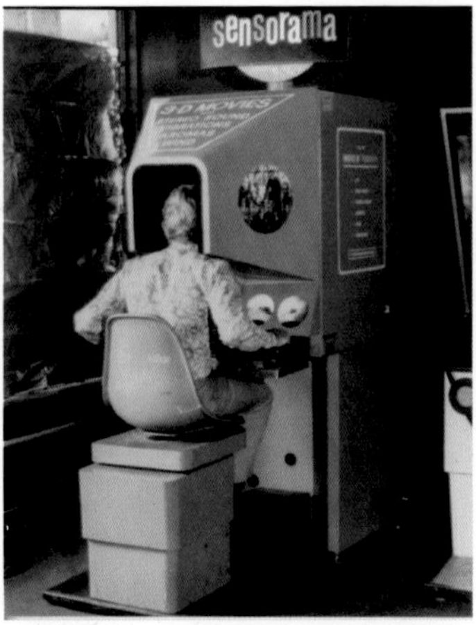

최초의 3D 영화관 '센소라마' © 위키피디아

에 참여한, 공군 조종사를 위한 훈련 장치 '플라이트 시뮬레이터'가 나왔다. 미국 VPL리서치는 1987년에 사용자의 손의 움직임을 VR에 적용할 수 있는 '데이터 글로브(Data Glove)'를, 1989년에는 '사이버페이스(Cyberface)'란 이름의 VR 헤드셋을 출시했다. 1990년대에 VR이 게임 콘텐츠에 접목되면서 1991년 미국 게임 제작사 세가(SEGA)가 사용자의 머리 움직임을 게임 조작에 반영하는 '세가 VR'이라는 최초의 게임용 VR 헤드셋 장치를 선보였다.

HMD는 초창기에 군사장비 분야, 특히 조종사를 위한 장비에 주로 쓰였다. 조종사의 헬멧에 디스플레이를 부착하고, 각종 정보를 보여주는 형태다. 일반 사용자가 HMD를 접하게 된 것은 게임 분야로, 닌텐도가 1995년 제작한 '버추얼 보이'가 대표적이다. 눈을 갖다 대는 디스플레이 장치와 디스플레이 장치를 지지하는 받침대, 게임 조작을

닌텐도가 1995년 제작한 '버추얼 보이' ⓒ 위키백과

위한 패드 등으로 구성돼 있다. 휴대용으로 제작됐지만, 무게가 2kg에 달해 책상 위에 놓고 사용하거나 누워서 사용했다. 하지만 적색 LED만을 사용해 다양한 색상 표현이 어려웠고, 3D 초점이 잘 맞지 않아 두통을 유발해 출시 1년 만에 사라졌다.

메타버스에서 중요하게 여기는 목표 중 하나는 몰입감(Immersiveness)과 현존감(Presence)을 극대화하는 것이다.• 두 용어에 대해 간단히 설명하자면, 메타버스에서의 몰입감이란 메타버스 세계에 너무나 심취한 나머지 자신이 가상공간에서 무엇인가를 하고 있다고 생각하지

• 두 단어는 학술적으로 상당히 복잡한 의미를 내포하고 있다. 이에 대한 자세한 설명은 바르셀로나대학교 멜 슬레이터(Mel Slater) 교수의 논문인 "Presence in immersive virtual environments(1993)"와 "Measuring presence: A response to the Witmer and Singer presence questionnaire(1999)"를 참조하라.

못하고, 현실처럼 생각하고 행동하게 되는 정도를 말한다. 또한 메타버스에서의 현존감은 메타버스 내에서 어떤 행위를 할 때, 마치 그 가상공간에 내가 실제로 존재하는 것 같다고 느끼는 정도를 말한다.

몰입감과 현존감을 극대화하는 가장 쉬운 방법은 메타버스를 이용하는 사용자에게 실제 같은 경험을 제공하는 것이다. 사람은 시각경험에 크게 의존한다. 따라서 3D로 구현된 디지털 세상을 우리의 현실처럼 이질감 없이 볼 수 있게 하는 것이 메타버스의 몰입감과 현존감을 극대화하기 위해 달성해야 하는 최우선 목표가 되는 것은 당연하다. 그렇다면 고품질의 디스플레이에 고해상도의 3D 디지털 이미지를 송출하기만 하면 되는 것일까?

안타깝게도 일반 디스플레이를 통해 3D 디지털 이미지를 내보낼 경우, 평면에 투사(Projection)된 3D 디지털 이미지를 보는 느낌이 들어 현실과 구분되는 이질감을 느낄 수밖에 없다. 가까이 있는 물체와 멀리 있는 물체를 바라볼 때는 서로 다른 깊이감을 느껴야 하는데, 평면 디스플레이에는 이러한 깊이감이 존재하지 않아서 발생하는 문제라고 할 수 있다.

이러한 문제를 해결하기 위해 1968년, 컴퓨터 그래픽 기술의 선구자인 미국의 컴퓨터 과학자 이반 서덜랜드(Ivan Edward Suterland)가 스테레오스코피(Stereoscopy)와 HMD를 이용한 몰입형 가상현실 기술을 선보였다. 가상현실(VR) 기기의 시초이기도 한 이반 서덜랜드의 HMD는 전투기 조종사가 사용하는 헬멧처럼 눈앞에 설치된 렌즈에 다양한 정보를 표시할 수 있었다. 비록 꽤 무겁고 부피가 큰 시범적인 형태의 기기이긴 했지만, 실제 디스플레이 깊이보다 디지털 이미지가

인터넷과 컴퓨터 그래픽의 선구자 이반 서덜랜드 © 위키백과

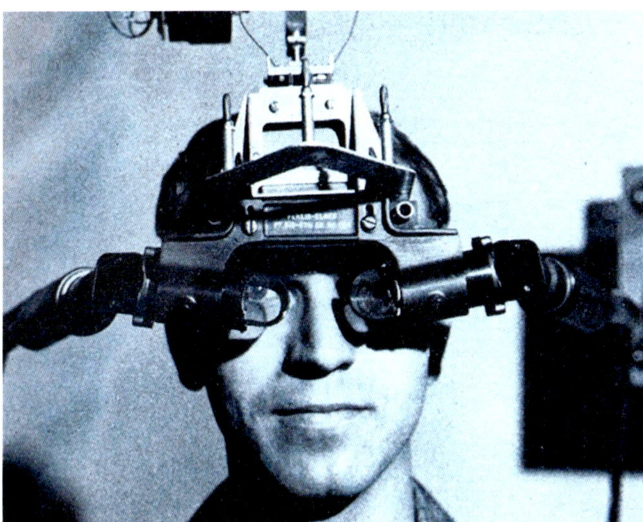

이반 서덜랜드의 HMD 장치 © 위키피디아

더 멀리 있는 것처럼 느끼도록 유도했다. 또한 왜곡된 이미지를 보정한 양안 시차•가 있는 이미지를 디스플레이에 렌더링••하여, 양안 시차에 의한 3D 입체감을 제시했다. 이때부터 몰입형 가상현실에 대한 구체적인 가능성이 논의되기 시작했다.

그전까지만 해도 컴퓨터 그래픽은 단순 도형에 불과했고, 모니터가 아닌 다른 기기로 디지털 화면을 본다는 것은 상상조차 하기 어려웠다. 이반 서덜랜드가 만든 HMD 기기는 모니터 화면을 넘어서 사용자가 컴퓨터 세상에 직접 들어가 여러 프로그램을 제어한다는 개념을 만들어냈다. 그가 만든 기술 덕분에 오늘날 가상현실 게임이 탄생했고, 사용자가 가상현실에서 상호작용할 수 있는 센서 기술이 등장했기에, 그의 발명은 디스플레이 기술에 새로운 지평을 열었다. 이반 서덜랜드는 1960년대에 가상현실에 대해 다음과 같이 말했다.

"최종적인 디스플레이는 물론 공간이 될 것이며, 그 공간에 있는 모든 물체를 컴퓨터가 통제할 수 있을 것이다."

가상현실에 대한 사람들의 관심이 커진 것은 1980~1990년대 등장한 만화, 영화, 애니메이션과 같은 서브컬처의 힘이 컸다. 1995년 상영된 극장 애니메이션 〈공각기동대〉는 이후 등장하는 SF 영화는 물론이고, 자아 또는 정신이 가상세계나 다른 인조인간의 몸속에 완전히

• 두 눈이 물체를 볼 때 두 눈 사이의 거리만큼 약간 다른 시야를 보게 되는 데서 일어나는 현상. 동일하게 하나의 사물을 보더라도 왼쪽 눈이 보는 모습과 오른쪽 눈이 보는 모습이 다르게 보이는 것을 의미한다.

•• 컴퓨터 그래픽을 사용하여 수치와 방정식으로 표현된 2차원 또는 3차원 데이터를 사람이 인지할 수 있는 영상으로 변환하는 프로세스.

들어가는 풀 다이브(Full Dive, 완전몰입형 가상현실) 개념이 생기는 데 결정적인 역할을 했다.

HMD를 이용한 몰입형 가상현실 기술이 가능하다는 사실이 알려지면서 수많은 연구자와 기술자들이 상용화를 위한 기술 개발에 돌입했고, 2000년대 초반에는 곧 메타버스 세상이 도래할 것이라는 얘기까지 나왔다. 그러나 안타깝게도 HMD가 상용화되려면 디스플레이 기술이 더 발전해 산재한 문제들이 해결되어야 하는데, 수년간의 연구가 진행되어도 해결될 기미가 보이지 않았다. 그러자 메타버스에 대한 사람들의 관심이 급격하게 사그라들고 말았다. 비록 그때보다는 나아졌지만, 현재도 이러한 문제들이 완벽히 해결되지 않아 진정한 메타버스를 상용화하는 데 어려움을 겪고 있다. 그렇다면 과연 어떤 문제들이 남아 있기에 메타버스 세상의 실현이 아직은 불가능한 것일까?

우선 HMD에서 제공하는, 양안 시차에 의한 3D 입체감은 디스플레이를 렌즈의 초점거리보다 가까운 거리에 둘 때 얻을 수 있는 가상의 이미지, 즉 정립 허상(Erect Virtual Image)을 이용한 것이다. 상의 방향이 물체의 방향과 같은 경우를 '정립'이라고 하고, 실제로 빛이 모이지 않고 생긴 상을 '허상'이라 하므로 '정립 허상'이란 '똑바로 선 허상'을 의미한다. 정립 허상은 실제 디스플레이 이미지를 확대된 형태로 보는 것과 같다. 이때, 확대된 디지털 이미지의 해상도가 낮으면 픽셀과 픽셀 사이에 존재하는 검은 영역인 블랙 매트릭스(Black Matrix)가 확대되어 이미지가 마치 모기장을 통해 보는 것과 같이 변하는 스크린도어 효과(SDE, Screen Door Effect)가 발생하게 된다. 이는 마치 오래된 TV를 시청하는 것과 같은 답답함을 주어 사용자의 몰입감과 현존감을 떨

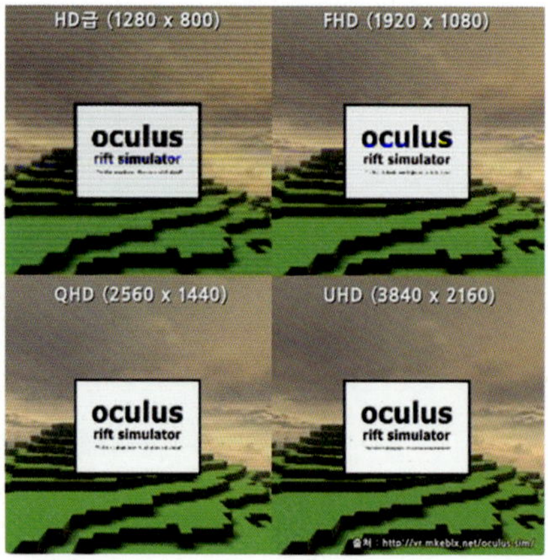

해상도가 낮으면 스크린도어 이펙트(screen door effect)가 발생한다.

어뜨린다. 따라서 고해상도 디스플레이를 통해 양질의 디지털 이미지를 사용자에게 제공하는 것은 HMD 기기의 필수 조건이다.

실제로 페이스북 산하기업 오큘러스사가 2013년 공개한 초기 HMD 모델인 오큘러스 DK1은 한쪽 눈에 640×800의 해상도를 제공했는데, 2021년 모델인 오큘러스 퀘스트2(Oculus Quest2)는 한쪽 눈에 1832×1920의 해상도를 제공해 이러한 문제를 많이 완화했다. 해상도가 4K 이상이면서도 MPRT(Moving Picture Response Time)• 응답속도가 빠른 HMD를 출시하여 이러한 문제를 완전히 해결할 것이라고 자사 제품의 로드맵을 소개하는 회사들도 있다. 하지만 해상도가 증가할수

• 움직이는 영상에서 잔상이 생겼다 사라지는 시간을 측정하는 방식. 실제 응답속도가 느릴 때 발생하는 잔상이 얼마나 빠른 시간 안에 사라지는지 측정한다.

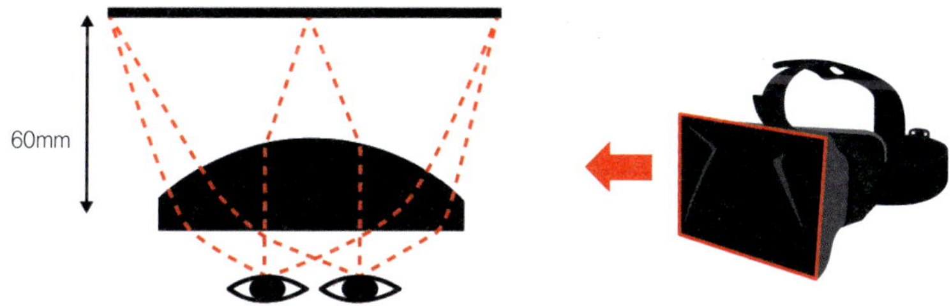

오큘러스 리프트 DK1의 전면부는 비구면 렌즈 한 개와 디스플레이 패널 한 개로 구성되어 있는데, 이들 사이는 60mm 떨어져 있게 디자인되었다.

록 고해상도 디지털 이미지를 생성하기 위해 더 좋은 성능의 연산 장치가 필요해진다. 이에 따라 더 많은 전력을 소모하게 되며, 하드웨어의 소비자 가격이 상승하게 된다. 따라서 일반 소비자도 구매할 수 있는 적정 가격의 HMD가 나오기까지는 좀 더 많은 연구와 자본의 투자가 필요할 것으로 보인다.

HMD를 상용화하는 데 따르는 또 다른 걸림돌은 바로 HMD가 크고 무겁다는 것이다. 초기의 HMD들은 휴대가 힘들었고, 개인 사용자가 집에서 오랜 시간 사용하기에는 무게로 인한 피로 유발이 심각했다. 그러던 중, 2013년 개인이 장시간 사용할 수 있을 만큼 경량화된 몰입형 HMD인 오큘러스 리프트(Oculus Rift) DK1이 등장했고, 이와 동시에 다시 한번 전 세계가 메타버스에 주목하기 시작했다. 이어서 2015년에 출시된 오큘러스 리프트 DK2는 비구면 렌즈 한 개와 디스플레이를 통해 사용자에게 입체감을 전달했다. 하지만 이들 역시 상

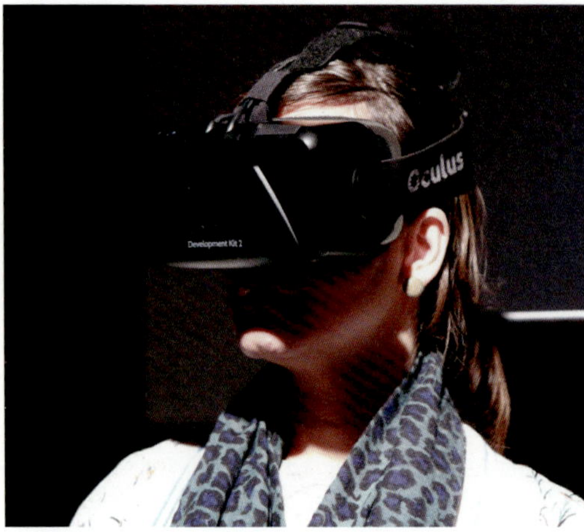

오큘러스사의 HMD 오큘러스 리프트를 착용한 모습 © 위키백과

용화되기에는 여전히 그 한계가 뚜렷했다. 우선 초점거리를 50mm 이하로 줄일 수 없는 제약이 있어서 400g이나 되는 디스플레이가 눈앞으로 60mm가량 튀어나오도록 HMD가 설계되었다. 이 때문에 디스플레이 무게를 지탱하기 위한 벨트를 머리 전체에 단단히 고정한 채로 HMD를 사용해야 했고, 장시간 사용 시 두통과 피로가 심각하다는 사용자 평가가 잇따랐다. 결국 오큘러스 리프트 DK2는 장시간 사용이 힘들다는 세간의 평을 피할 수 없었다. 이러한 문제를 해결하려면 렌즈의 크기와 무게, 렌즈와 디스플레이 사이의 간격, 디스플레이 패널의 크기와 무게를 모두 줄여야 했다. 이를 위해서는 고수준의 광학 기술에 대한 연구와 적용이 필수적이었다.

최근 HMD에 적용된 기술들을 보면 렌즈의 크기를 줄이기 위한 연구들은 어느 정도 성공한 것으로 보인다. 초창기 HMD 모델에 사용

프레넬 렌즈와 일반 렌즈 비교

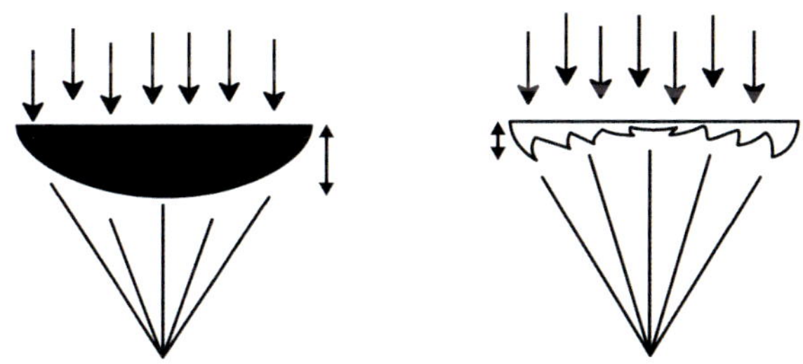

프레넬 렌즈는 일반 렌즈보다 훨씬 얇은데도 기존과 비슷하게 빛을 모을 수 있다.

된 렌즈는 볼록 렌즈였다. 렌즈의 크기를 줄이면서 시야각•을 확보하기 위해서는 렌즈 자체의 굴절률 또는 렌즈의 두께를 키워야 했다. 하지만 전자의 경우 재료의 특성 자체를 바꿔야 하므로 그 증가 폭이 제한적일 수밖에 없었고, 후자의 경우 구면수차각••이 발생하여 디지털 이미지의 선명도를 떨어뜨리기 때문에 렌즈의 두께를 무분별하게 증가시킬 수 없었다.

그래서 다음 세대의 HMD들은 기존의 볼록 렌즈 대신 프레넬 렌즈(Fresnel Lens)를 사용하기 시작했다. 프레넬 렌즈는 기존 광학 렌즈의

• FoV, Field of View: 화면 표시 장치에서 정상적인 화면을 볼 수 있는 최대한의 측면 각도.

•• Spherical Aberration: 렌즈와 거울이 광선을 모아 상을 만들 때, 렌즈의 굴절면 또는 거울의 반사면이 구면이어서 광축에서 멀리 들어오는 광선일수록 상점에서 더 많이 벗어나는 현상 또는 벗어나는 정도를 말한다.

팬케이크 렌즈의 기본 구조도

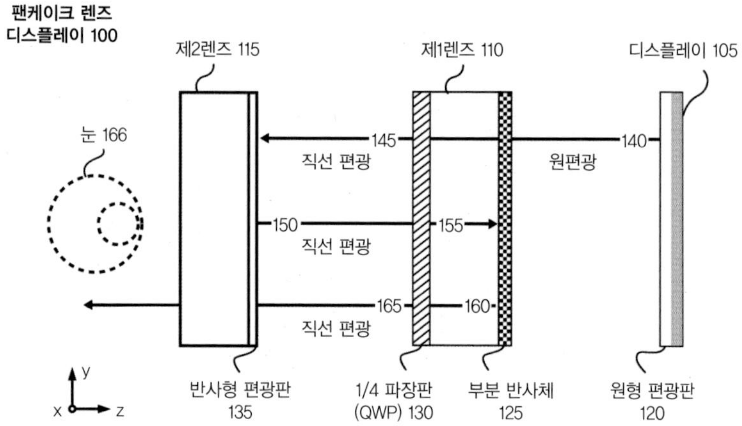

곡면을 연속적인 동심원 형태의 동심홈(Concentric Groove)으로 대체한 광학 부품으로, 각 홈이 개별 굴절면처럼 작용해 평행 광선을 일반적인 초점 길이로 굴곡을 줄 수 있다. 이러한 특성으로 인해 프레넬 렌즈는 기존 광학렌즈보다 훨씬 얇은데도 일반 렌즈와 비슷하게 빛을 모을 수 있어, HMD에 들어가는 렌즈의 크기를 줄일 수 있게 되었다.

하지만 프레넬 렌즈는 이미지의 선명도가 손상되기 때문에 해상도가 4K×4K 이상인 디스플레이 패널을 사용하더라도 화질이 좋지 않다. 또한 볼록 렌즈를 기반으로 한 광학계를 사용하기 때문에 여전히 렌즈와 디스플레이 사이의 거리는 어느 정도 보장되어야 한다. 최근의 HMD에서는 이러한 프레넬 렌즈의 한계를 극복하기 위해 반투과 및 반사편광 기술을 이용한 팬케이크 렌즈(Pancake Lens)를 사용하고 있다.

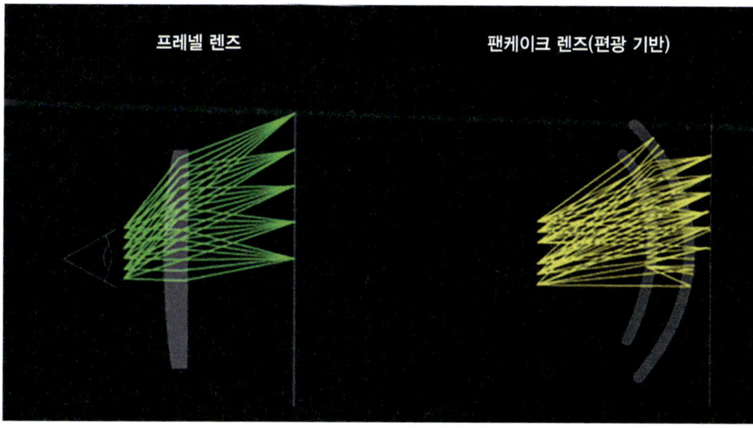

팬케이크 렌즈는 두 개의 렌즈부를 이용해 빛의 경로를 접을 수 있어 렌즈와 디스플레이 패널 사이의 거리를 획기적으로 줄일 수 있다. © https://uploadvr.com

오큘러스 HMD에 사용된 팬케이크 렌즈는 부분 반사체(Partial Reflector), 1/4 파장판(QWP, Quarter-Wave Plate)으로 이루어진 제1렌즈부와 반사형 편광판(Reflective Polarizer)을 포함하는 제2렌즈부로 이루어져 있다. 디스플레이로부터 생성된 빛은 제1렌즈부와 제2렌즈부 사이에 편광과 반사가 이루어지면서 경로가 접히게 되고(Folded), 이를 통해 렌즈와 디스플레이 사이의 거리를 획기적으로 줄일 수 있다.

하지만 팬케이크 렌즈에도 단점이 있다. 반투과 및 반사편광 기술의 특성상 렌즈의 광효율이 낮아(일반적으로 약 15%) 단위 면적에 들어오는 빛의 양인 휘도(Luminance)가 프레넬 렌즈를 사용했을 때에 비해 상대적으로 부족하다. 그러므로 휘도를 보상하기 위한 기술들이 추가로 접목되어야 한다. 하지만 디스플레이 패널의 해상도를 늘릴수록 더 좋은 화질의 선명한 이미지를 제공할 수 있다는 점과 HMD의 소형화에 크게 기여한다는 점이 너무나 큰 장점이기에 차세대 HMD들은 모두 팬케이크 렌즈를 기반으로 할 것으로 전망된다.

앞에서 이야기한 문제점 외에도 HMD의 상용화를 방해하는 다양한 문제가 존재한다. 눈 바로 앞에 디스플레이를 두고 사용하기 때문에 눈이 빨리 피로해지는 문제, 사용자가 바라보는 가상 물체의 위치와 디스플레이의 실제 위치가 달라서 발생하는 수렴-초점 불일치 문제, 디스플레이 크기의 한계로 인한 시야각의 제한 문제 등이 대표적이다. 하지만 최근의 기기 발전 속도와 다양한 연구 결과를 종합해봤을 때, 이러한 문제들이 정복되는 데에는 그리 오랜 시간이 걸리지 않을 것 같다. 몇 년 뒤, HMD를 저렴한 가격에 구매할 수 있고, 충분히 작고 가벼워지며, 고해상도의 시각 정보를 실시간으로 전달할 수 있고, 눈이 크게 피로하지 않아 HMD를 장시간 사용할 수 있게 된다면 정말로 현실과 메타버스 세상이 혼재된 모습을 일상에서 아무렇지 않게 보게 될 수 있을지도 모른다.

2. 메타버스를 구현하는 실시간 컴퓨터 그래픽스 기술

앞에서 설명한 디스플레이 기술이 메타버스를 구성하는 핵심 하드웨어 기술이라고 한다면, 컴퓨터 그래픽스(CG, Computer Graphics) 기술은 메타버스의 핵심 소프트웨어 기술이라고 할 수 있다. 흔히 CG 기술이라고 불린다. 컴퓨터의 자원과 데이터 처리 규약(정보를 원활하게 교환하기 위해 필요한 규칙의 집합)을 특수한 방법으로 정제해 실제 사람이 볼 수 있는 형태의 데이터로 가공하고, 이를 디스플레이와 같은 출력 장치로 송출하여 시각 자극을 제공한다.

이해를 돕기 위해 예를 들어보자. 사용자에게 가상의 숲 공간을 HMD를 통해서 보여주고 싶을 때, CG 기술은 0과 1로 저장되어 있는 나무, 돌, 풀과 같은 데이터를 공간 좌표상에 배치하고 이들이 본래 가지는 색과 빛의 영향을 고려하여 색을 결정한다. 또한 바람의 방향과 세기를 고려하여 나무, 돌, 풀 등의 애니메이션을 생성한 후 현재 송출하는 그 순간의 최종 위치를 결정하여 최종 장면(Scene)을 생성한다. 그리고 이들을 HMD를 통해 어떻게 출력해야 할지를 결정하고 해당 패턴의 신호를 HMD에 전달한다.

결국 CG 기술은 컴퓨터에 0과 1로 저장된 데이터를 가공하여 사람이 이해할 수 있는 시각 정보로 보여주는 기술의 총체라고 할 수 있다. 메타버스는 고품질의 가상공간을 실시간으로 생성하고 상호작용이 가능해야 하므로 고퀄리티의 CG 기술이 필수적이다. 고퀄리티의 CG 기술을 이 책에서 모두 설명하기에는 그 내용이 방대하므로 여기서는 CG 기술의 개념과 전반적인 파이프라인(시스템), 그리고 메타버스 시대가 열리면서 생겨난 CG 기술의 수요를 살펴볼 것이다.

CG에서는 물체를 표현할 때 점(Vertex), 선(Line), 면(Face)을 이용한다. 예를 들어 아래 그림 왼쪽에 있는, 'Stanford Bunny'라고 불리는 토끼를 정의하려면 그림 오른쪽에 있는 수많은 Vertex(꼭짓점) 데이터의 위칫값이 필요하다. 데이터의 가장 앞에 나오는 V는 Vertex 정보임을 나타내고, 그 뒤의 숫자들은 3차원 좌표 공간에서의 위칫값을 나타낸다.

Stanford Bunny를 자세히 보면 Vertex가 보이기보다는 삼각형들의 군집이 더 잘 보일 것이다. 이들은 삼각형 폴리곤(Triangle Polygon)이라고 불리는 것으로, Vertex 데이터가 있을 때 특정 규약에 따라서 하나의 면으로 만들어낸 것이다. 예를 들어 위에서부터 차례대로 3개의 Vertex 데이터가 존재할 때, 이들을 묶어서 하나의 폴리곤(Polygon, 다각형)이 되게 하겠다고 규약을 정했다면, 위에서부터 차례대로 3개씩 Vertex를 묶어서 삼각형 폴리곤의 위치를 정의할 수 있게 된다. 폴리곤은 삼각형뿐 아니라 우리가 알고 있는 다양한 도형을 모두 사용할

```
# OBJ file format with ext .obj
# vertex count = 2503
# face count = 4968
v -3.4101800e-003 1.3031957e-001 2.1754370e-002
v -8.1719160e-002 1.5250145e-001 2.9656090e-002
v -3.0543480e-002 1.2477885e-001 1.0983400e-003
v -2.4901590e-002 1.1211138e-001 3.7560240e-002
v -1.8405680e-002 1.7843055e-001 -2.4219580e-002
v 1.9067940e-002 1.2144925e-001 3.1968440e-002
v 6.0412000e-003 1.2494359e-001 3.2652890e-002
v -1.3469030e-002 1.6299355e-001 -1.2000020e-002
v -3.4393240e-002 1.7236688e-001 -9.8213000e-004
```

Staford Bunny(왼쪽)와 이를 정의하는 데 필요한 vertex 데이터의 일부(오른쪽)

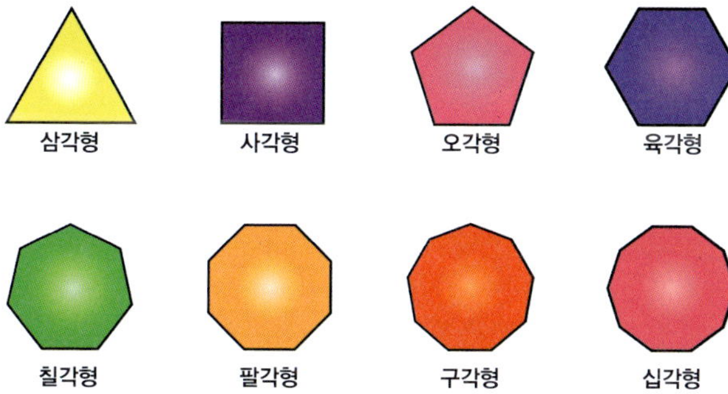

폴리곤의 예. CG에서는 주로 삼각형과 사각형이 사용된다.

수 있으나 CG에서는 주로 삼각형이나 사각형을 사용한다.

이렇게 폴리곤을 통해서 각 물체가 정의되었으면, 이 물체들을 이용해서 보여줘야 할 공간에 대해 정의해야 한다. 지형, 나무, 돌의 위치를 적절히 배치해서 원하는 장면의 기초가 되는 물체의 배열을 만든다. 그리고 해당 배치를 바라보는 카메라의 위치를 결정한다. 또한 카메라에서 해당 장면을 바라봤을 때, 카메라에 이들의 모습이 어떻게 투영될지를 수학적으로 결정한다. 최종적으로 디스플레이에는 카메라에 투영된 모습이 송출된다.

배열이 완료되었다면, 그다음에는 각 물체의 세부 특성을 고려해야 한다. 텍스처라고 불리는 이미지를 각 물체에 입혀서 색을 결정하고, 물체의 특성에 따라서 빛을 연산한다. 예를 들어 이파리 텍스처, 나무 밑동 텍스처, 나무 기둥 텍스처 등을 이용하여 나무가 초록색, 갈색과 각 무늬를 가지도록 만든다. 공간상에 존재하는 다양한 빛의 특성과 물체의 재질 특성뿐 아니라 반사, 굴절, 흡수량을 고려하여 물체의

카메라를 통해 바라본 설산의 모습. 왼쪽은 이해를 돕기 위해 색까지 모두 입힌 결과를 보여주며, 오른쪽은 폴리곤을 통해서 정의된 물체들이 배열된 직후의 상황을 보여준다. © https://www.unrealengine.com

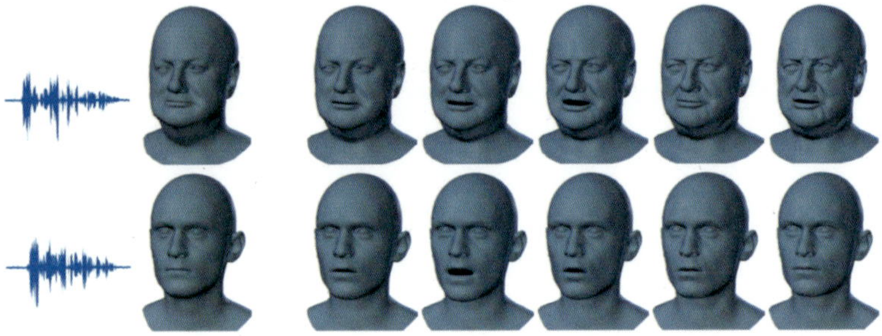

음성과 3D 모델 데이터가 주어지면 이를 이용해서 3차원 캐릭터 애니메이션을 생성하는 기술. 가상현실을 이용하는 사용자가 말을 하면 가상 아바타가 음성 데이터를 기반으로 가장 알맞은 입 모양을 송출한다. © https://medium.com

최종 색을 결정한다. 그리고 그 모양에 따라 알맞은 형태의 그림자를 계산하여 장면에 넣어준다. 이러한 작업이 모두 끝나면 그림 왼쪽의 공간에 대한 정의가 완료된다. 계산된 최종 데이터를 HMD와 같은 디스플레이 장치에 보내주면 사용자에게 해당 장면을 보여줄 수 있다.

CG 기술은 시각 데이터를 중요하게 다루는 게임이나 영화 산업에서 활발하게 사용되어온 기술이다. 그래서 사실적인 장면을 더 빠르게 저비용으로 만드는 방향으로 기술이 발전했다. 하지만 메타버스의 등장으로 기존과는 조금은 다른 방향으로 CG 기술이 발전하기 시작했다. 가상공간에서의 상호작용, 현실공간의 데이터 수집과 가상공간과의 통합, 가상공간과 물체 생성, 사람의 행동이나 표정 등을 가상 아바타에 매핑하기, 사람처럼 행동하는 NPC 등이 그것이다. 현실공간을 고려하여 가상공간을 생성한 후 그 가상공간에 사용자가 접속해 현실처럼 살아가려 함에 따라 필요해진 기술들로, 인공지능 기술의 발전과 맞물려 최근 활발하게 연구되고 있다.

3. 실감 멀티모달 출력 기술들

시각 이외의 감각에 대한 출력을 시각과 동시에 해주는 장치를 멀티모달 출력 장치라고 한다. 시각 외의 감각 중 의미 있는 감각이 바로 청각과 촉각이다. 촉각 출력 장치에 관한 이야기는 3장으로 미루고, 여기서는 청각 출력 장치에 대해 간략히 살펴보도록 하자.

청각 디스플레이는 다른 감각에 비해 상대적으로 몰입형 디스플레이 장치를 만들기가 굉장히 쉽다. 이는 청각 신호와 사람의 청각 인지 기관의 특징에 기인한다. 우선 청각을 자극하는 신호는 시각과는 다르게 신호가 죽 한 줄로 차례대로 오는 1차원의 시계열(Time-Series) 공기 압력 변화 데이터로 이루어진다. 따라서 다차원의 신호를 동시에 만들 필요가 없고, 많아야 귀 두 쪽에 들리는 1차원 신호 2개만 만들어 주면 되므로 신호를 만드는 액추에이터 구조가 매우 단순하다. 또한 청각 신호를 받아들이는 몸속의 센서 자체가 귀 안의 한곳에 몰려 있으므로, 귀만 커버할 수 있으면 손쉽게 몰입형 출력이 가능하다는 장점이 있다.

이런 이유로 우리가 흔히 귀에 꽂는 헤드폰이나 이어폰 자체가 거의 완벽한 몰입형 청각 디스플레이가 될 수 있다. 즉 주위 환경 소리를 차단하고 100% 컴퓨터가 만들어내는 소리로 귀를 자극할 수 있는 장치인 것이다. 따라서 청각 관련 하드웨어 장치 기술은 이미 기술적으로 충족되어 있으며, 그보다는 여러 가지 사실적인 소리를 다양하게 가상으로 조합해낼 수 있는 소프트웨어 알고리즘이 훨씬 더 주목받는 핵심 기술이다.

그렇다면 우리가 일상적으로 듣고 있는 '소리'를 어떻게 가상으로 만들어낼 수 있을까? 크게 다음의 3가지에 대한 '시뮬레이션'이 필요하다. 첫 번째는 각기 다른 소리, 즉 공기의 고주파 떨림을 실시간으로 어떻게 합성(Sound Synthesize)할까, 다시 말해 소리 신호 자체를 어떻게 생성해낼 것인가이다. 두 번째는 이렇게 만들어진 소리 소스를 사람의 두 귀로 어떻게 잘 전달해주어야 사람이 소리만으로 공간감을 느낄 것인가이다(Sound Localization). 마지막으로 해야 할 일은 가상환경의 구조적·물리적 특징으로 인해 소리가 변형되는데(예, 소리의 난반사, 흡수, 통과로 인한 변형), 이를 시뮬레이션하여 좀 더 사실적인 소리를 만들어내는 것이다(Environmental Sound).

소리는 어떻게 합성할까

메타버스에서 유리창을 때리면 고음의 유리 소리가 나야 하고, 기차가 지나갈 때는 기차 엔진, 바퀴 등에서 나는 소리가 합쳐져서 복합적인 소리가 나야 한다. 물리적으로 보면 이러한 소리는 물체가 외부의 충격을 받거나, 혹은 내부 에너지가 방출되면서 고주파로 떨게 되면 이 떨림이 공기의 떨림을 만들어내고, 이 에너지가 공기를 매개로 사람들의 귀에 도달하는 과정에서 발생한다. 이론적으로는 가상 물체에 대해 이러한 미세한 떨림을 물리적으로 시뮬레이션해 주면 소리를 만들어낼 수 있다. 하지만 현실적으로는 물리적인 시뮬레이션만으로 소리를 만들어내는 것이 힘들다. 고주파 떨림 자체가 시뮬레이션 계산량이 매우 크며, 이러한 소리는 나의 움직임과 주위의 변화에 실시간으로 반응해서 만들어지기 때문이다. 아주 빠르게 변화에 반응하는 실시간 시뮬레이션이 필요한데, 이러한 시뮬레이션에 대한 계산이 사람이 느끼기에 지연되지 않고 계산되려면 아주 빠른 고성능의 시스템이 필요하다.

실제 가상현실에서 소리는 좀 더 단순한 방법으로 만들어진다. 만들기 쉬우면서 효과도 그럴듯한 방법인데, 실제 음향을 녹음해서 음향 콘텐츠를 만들고 이것을 가상환경에서 재생하는 것이다. 예를 들어 벽을 칠 때 벽에서 나는 소리, 가상의 오토바이를 몰고 갈 때 오토바이 엔진에서 나는 소리를 실제 환경에서 녹음하고 가상환경에서 같은 상황이 발생했을 때 재생하는 방식이다. 물론 당연히 단점이 있다. 단순 녹음 재생의 단점은 미세한 변화를 만들어내기가 불가능하다는 것이다. 실제 소리는 사람의 상호작용(Interaction, 사람이 외부와 서로 영향을 주고받는 행동)에 따라 변화하는데, 이를 반영하기가 힘들다. 예를 들어 같은

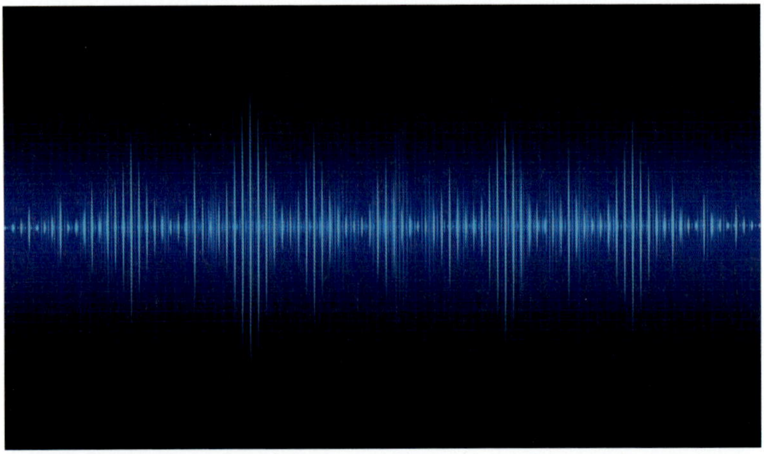

공기의 고주파 떨림인 소리 파형의 예

야구 배트 소리라도 사람이 얼마나 세게 치는지에 따라 소리의 높낮이가 달라지고, 오토바이의 속도에 따라서도 소리가 달라지는데 이를 표현하기가 까다롭다. 다른 상황의 소리를 일일이 녹음해서 상황에 맞게 틀어주는 것도 한계가 있다. 이러한 문제를 해결하기 위해 녹음된 소리끼리 음향 합성을 하거나, 혹은 녹음된 소리를 실시간 변형하는 방법을 사용하기도 한다. 모든 경우가 아닌 대표적인 소리만 녹음해 소리 데이터베이스를 만들고, 실시간 상호작용에 따라 소리를 합성하는 것이다. 그렇게 되면 이제 일일이 다 녹음하지 않더라도 다양한 소리를 사실적으로 만들어낼 수 있다.

물체들에서 나는 소리 외에 중요한 소리가 하나 더 있다. 바로 사람들의 목소리다. 메타버스 내에서 실시간으로 다른 사용자의 목소리를 공유하는 것은 네트워크와 사운드 코덱의 영역이므로 여기서는 다루지 않겠다. 반면, 다른 실제 사용자가 만들어내는 목소리 외에 텍스트로만 존재하는 문장을 사람의 목소리로 만들어내야 할 때가 있다. 인공지능 아바타가 내는 목소리인데, 이 또한 사실적이어야 한다. 사람의 목소리를 합성하는 것은 가상현실과 메타버스가 생겨나기 전에도 그 유용성 때문에 여러 분야에서 'Text to Speech(TTS, 텍스트 음성 변환)'라는 이름으로 많이 연구된 중요한 분야다. 지금은 기술의 발전으로 실제로 사람이 내는 목소리와 구별하는 것이 거의 불가능할 정도다.

어떻게 소리로 공간감을 느낄 것인가: 공간 사운드

사람에게는 귀가 두 개 있다. 사람은 양쪽 귀에 들리는 소리의 차이를 이용해서 소리가 어느 쪽에서 나는지를 파악한다. 이를 '사운드

공간 사운드를 인지하는 방법

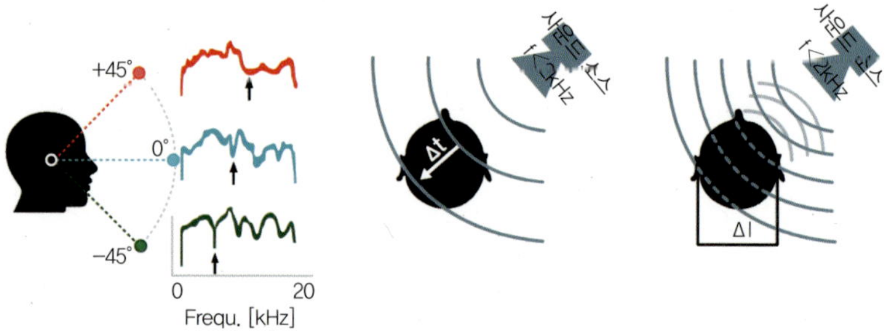

A. 한쪽 귀로부터 오는 위치 정보: 수직 각도에 따른 주파수 파형 변형

B. 양쪽 귀로부터 오는 위치 정보: 양 귀의 소리 도달 시간 차이

C. 양쪽 귀로부터 오는 위치 정보: 양 귀의 소리 크기 차이

© Mechanisms of Sound Localization in Mammals Benedikt Grothe, Michael Pecka, and David McAlpine Physiological Reviews, 2010, 90: 3, 983–1012 참조

위치 인지'라고 하는데, 크게 위 그림의 3가지 정보(Cue)를 사용해 사운드 소스의 위치를 파악한다.

위 그림의 B, C에서 볼 수 있는 것처럼, 사운드 소스가 자신의 오른쪽에 있다면 같은 소리라도 오른쪽 귀에 들리는 사운드가 더 크게 들릴 것이고(C, 왼쪽 귀의 소리는 머리를 통과해야 하기 때문이다), 오른쪽 귀에서 해당 소리가 아주 약간 더 빨리 들리게 된다(B). 이 두 가지 정보를 바탕으로 우리는 평면상에서 소리가 어느 방향에서 나는지 알게 된다.

그렇다면 소리의 상하 위치는 어떻게 인지할까? 우리 귓불의 복잡한 모양으로 인해서 위에서 오는 소리와 아래에서 오는 소리의 파장이 약간 변형된다(A 참조). 우리는 이를 인지할 수 있고 이미 학습으로 파악하고 있어서 이를 이용하여 소리의 수직 위치도 파악할 수 있다.

가상현실에서도 사운드 위치 인지를 위한 큐(Cue, 신호)들을 제공해야 사실적인 사운드가 만들어질 수 있다. 단순히 양쪽 귀에 다른 소리가 들리는 스테레오 사운드가 아니라, 실시간으로 변하는 사용자의 머리 방향에 맞추어 이러한 큐가 정확하게 제공되어야 한다. 예를 들어 나의 오른쪽에서 가상의 바이올린이 연주되고 있다고 생각해보자. 내가 머리를 왼쪽으로 돌리면 실시간으로 나의 뒤에서 소리가 나는 듯하게 양쪽 귀에서 나는 소리가 바뀌어야 한다.

그러면 실시간으로 변하는 사용자의 머리 방향에 따라 양 귀에 들리는 소리 변화를 어떻게 시뮬레이션해야 할까? 가장 단순하면서 확실한 방법이 머리전달함수•를 만들어 활용하는 것이다. 어레이 스피커를 달아 모든 3차원 방향에서 음향을 재생할 수 있도록 세팅한 상태에서 다음 페이지의 그림 A와 같이 마네킹이나 실제 사람의 양쪽 귀에 마이크를 달고, 다양한 방향에서 표준 음향을 재생한다고 하자. 이렇게 모든 방향에서 재생된 표준 사운드를 마이크 두 개로 녹음하고, 녹음된 사운드의 변화를 비교하면 방향과 귀에 따라 소리의 주파수와 레벨이 어떻게 변하는지 분석할 수 있다. 예를 들어 '소리가 오른쪽에 있으면 오른쪽 귀에는 이렇게 들리는데, 왼쪽 귀에는 이만큼 더 약하게 들리더라', 혹은 '왼쪽 귀보다 오른쪽 귀가 이만큼 더 빨리 소리가 들리더라' 같은 정보를 분석할 수 있다. 또한 소리가 위에 있을 때와 밑에 있을 때 주파수 도메인이 어떻게 변화하는지 등을 모두 모델링할 수

• Head Related Transfer Function, HRTF: 동일한 소리를 전방위에서 발생시켜 방향에 따른 주파수 반응을 측정하여 3차원 함수로 정리한 것을 말한다.

사운드 위치 인지 큐들을 시뮬레이션하기 위한 방법

A. 귓속에 마이크를 달고 한 음원을 여러 방향에서 재생하면서 음향 변화 측정

ⓒ Olli Rummukainen, Thomas Robotham, Axel Plinge, Frank Wefers, "Listening Tests with Individual versus Generic Head-Related Transfer Functions in Six-Degrees-of-Freedom Virtual Reality," 5th International Conference on Spatial Audio, Ilmenau, Germany, 2019

B. 음향의 변화 정도 모델링

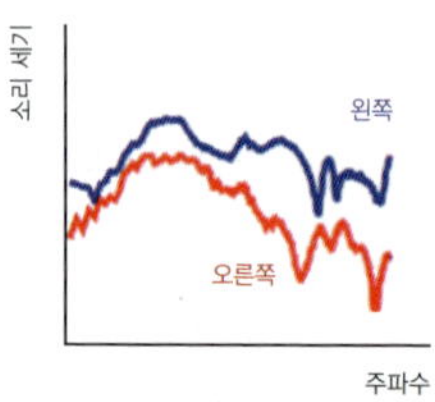

양 귀의 소리
크기 차이

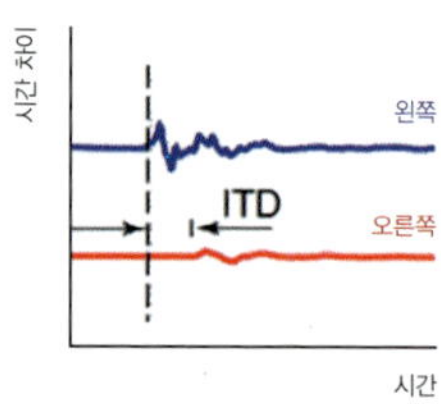

양 귀의 소리
도달 시간 차이

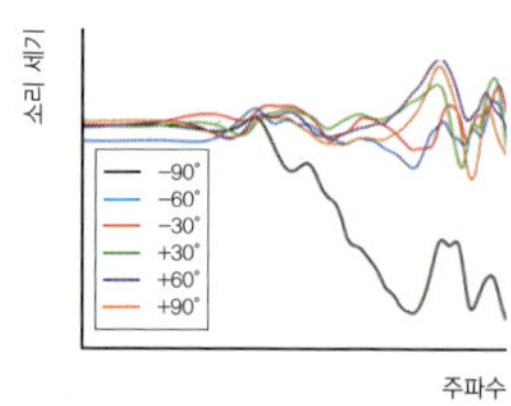

수직 각도에 따른
주파수 파형 변형

C. 가상현실에서 음향 위치에 따라 모델링된 함수의 역함수를 활용하여 실시간 음향 변형

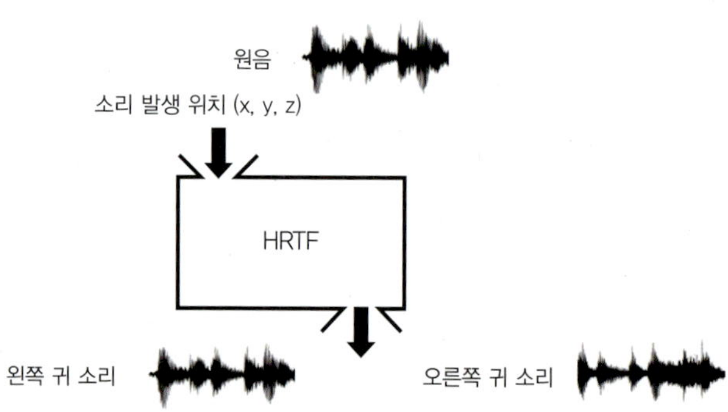

있다. 그 결과 상황에 따라 사운드가 양 귀에 어떻게 전달되는지에 대한 전달함수(Transfer Function)가 구축된다.

이렇게 만들어진 머리전달함수로 실제 양쪽 귀에 재생될 소리는 다음과 같이 만들어진다. 가상현실 시스템은 보통 아직 찌그러지기 전인 원래 소리 파형을 가지고 있다. 이 소리를 가상환경의 특정 위치에서 생성된 듯한 사운드로 변화시키기 위해 모델링한 소리전달함수를 원래 소리 파형에 적용하여 변형된 소리 파형을 만들어낸다. 이를 사용자에게 재생해주면 사람들은 이 음향이 목표한 위치에서 나오는 것이라고 느끼게 된다.

사용자가 바뀔 때마다 머리전달함수를 만들어야 하는 것은 당연히 아니다. 보통 대부분의 3D 사운드 소프트웨어 API• 에서는 미리 만들어진 머리전달함수를 가지고 있고, 파라미터만 조정하면 최적의 공간 사운드를 손쉽게 만들어낼 수 있는 툴이 제공된다. 가상환경에서의 사운드 소스 위치만 입력하면 자동으로 결과 음향 파형을 만들어주는 수준으로 간단하게 구현할 수 있다.

환경 사운드

마지막으로 사실적인 사운드를 위해 고려해야 할 부분이 환경 사운드다. 사용자 주위의 환경에 따라서도 소리가 바뀌는 효과를 가상환경에서도 제공해줘야 한다. 그 대표적인 예가 동굴이다. 같은 소리

• Application Programming Interface: 운영체제와 응용 프로그램 사이의 통신에 사용되는 언어나 메시지 형식.

환경 사운드의 예

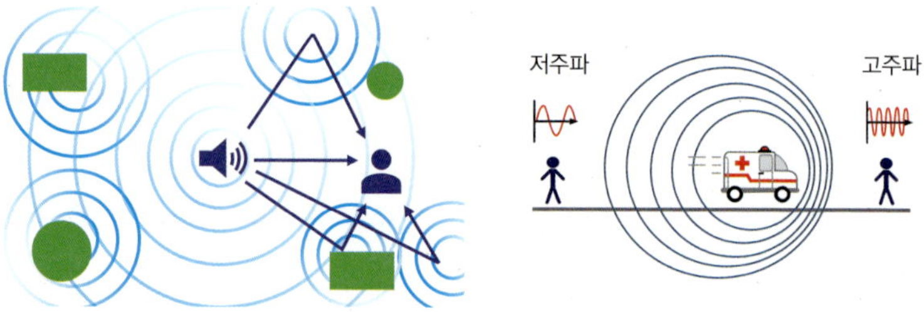

A. 음향 난반사/흡수/가림

B. 도플러 효과

© Microsoft Project Triton

라도 동굴 속에 있을 때와 개활지(앞이 막히지 않고 탁 트여 시원하게 열려 있는 땅)에 있을 때 소리의 느낌이 완전 다르다. 여러 이유가 있겠지만 대표적인 원인은 벽에 반사되는 소리 때문이다. 사운드 소스에서 발생하는 소리가 반사 없이 바로 귀에 들리는 게 사운드 원본이라면, 주위에 사물 벽 등이 하나씩 생길 때마다 이것들에 반사·흡수·변형된 소리가 복합적으로 최종 소리에 영향을 끼치게 된다(위 그림의 A 참조). 이처럼 가상현실에서 내가 밖에 있다가 갑자기 방 안으로 들어갔을 때 같은 소리라도 다르게 들리게 만들어줘야 한다.

그러면 이런 효과는 어떻게 만들어낼까? 벽에 대한 반사도 물리 시뮬레이션을 통해 해결할 수 있다. 이론적으로는 내 귀와 사운드 소스를 연결하는 반사를 포함한 모든 경우의 수에 대해 소리 변형을 계산하고 이들을 합해 버리면 된다. 당연히 계산량이 아주 많아진다. 소리는 1차 반사뿐만 아니라 반사된 소리가 다시 반사되는 특징이 있어서 2차, 3차 등의 반사도 계산해야 하기 때문이다. 게다가 모든 방향으로 퍼지는 난반사의 경향도 있다. 여기서 약간의 타협이 들어간다. 모든 경우의 수를 다 계산하지 않고 주요 반사들만 계산하여 계산량을 줄이는 것이다. 3D 사운드를 지원하는 사운드 카드에서 어느 정도 자동 계산을 해주는 추세이며, 최근에는 사운드 반사 계산을 GPU(Graphics Processing Unit, 영상 정보를 처리하고 화면에 출력하는 그래픽스 처리 장치) 병렬 계산을 활용해서 수행하려는 시도가 많아지고 있다.

환경 사운드의 또 다른 예로 도플러 효과를 들 수 있다. 빠른 속도로 움직이는 사운드 소스가 있다면, 이 사운드는 나와 멀어질 때와 나와 가까워질 때의 소리 진동수가 달라진다. 가상환경에서 내 앞으로 소방차가 쌩~ 하고 지나갈 때, 소방차 사이렌 소리가 올 때와 갈 때가 달라져야 하는 것이다. 이러한 효과도 시뮬레이션을 통해서 지원될 수 있다.

이렇게 음향 합성, 공간 사운드, 환경 사운드를 시뮬레이션함으로써 가상환경 내에서 사실적인 음향을 제공할 수 있다. 요즘 개발되는 음향 API들은 앞에서 언급한 기능들 대부분이 구현되어 있고, 메타버스 시스템에 손쉽게 적용될 수 있도록 개발자를 위한 인터페이스를 제공하고 있다(예, OpenAL, 구글 Spatial Audio API, Resonance Audio SDK 등). 개발자들에게는 다행이지 않을 수 없다.

4. 초실감이 가능한 상호작용 기술

메타버스가 가상으로 만들어진 3D 세상인 만큼 우리는 그 세계와 현실처럼 상호작용하고 싶어 한다. 가상의 세계를 두 발로 걸어 다니면서 탐험하고, 가상에 존재하는 물체를 만지고, 밀고, 들어 올릴 수 있기를 원한다. 이를 위해서는 현실에 존재하는 사람의 행동을 인식하고, 이를 데이터화해 메타버스 세계에 반영하기 위한 하드웨어와 소프트웨어 기술이 필수적이다. 여기서는 메타버스 세상에 어떤 종류의 상호작용이 왜 필요한지를 알아본 후, 이를 가능하게 만드는 하드웨어와 소프트웨어 기술에 대하여 살펴볼 것이다.

그렇다면 메타버스에서 서로 상호작용하기 위해 '어떻게 메타버스 세계에서 걸을 것인지'에 관해 먼저 살펴보도록 하자. 과거에 PC나 모바일 기기를 통해 사용자에게 가상세계를 탐험하는 경험을 제공하는 것은 그다지 어려운 일이 아니었다. 가상세계에 사용자를 대신하는 가상 아바타를 제공하고 나서, 사용자에게 키보드나 터치스크린과 같은 기기를 통해 아바타를 조종하라고 하면 사용자는 충분히 가상세계를 탐험한다는 느낌을 받았다.

하지만 HMD를 착용하고 메타버스를 이용하는 사용자들에게는 이러한 방식을 사용할 수가 없게 되었다. 우선 사용자들이 기대하는 몰입의 수준이 달라졌다. 단순히 자신을 대신하는 아바타가 가상세계를 탐험하는 경험이 아닌, 자신이 직접 가상세계를 탐험하는 느낌을 경험하고 싶어 하게 된 것이다. 하지만 키보드나 컨트롤러 같은 외부 입력 기기를 통해 가상 아바타를 움직이는 것은 메타버스 세계에 대한 몰입감과 현존감을 심각하게 떨어뜨린다는 연구 결과가 나와 있다. 이는 외부 기기를 통한 조작이 사용자들에게는 자신이 직접 움직인다기보다는 그저 자신을 대신하는 무엇인가를 외부에서 조종하는 느낌을 받기 때문이다.

외부 입력 기기를 통한 메타버스 세계 탐험에는 또 다른 문제가 존재한다. 그것은 바로 사용자가 가상 멀미(Cybersickness)를 겪을 확률이 높아진다는 것이다. 가상 멀미가 발생하는 원인에 대해서는 여러 가지 견해가 있는데, 그중 대표적인 이론이 감각 갈등 이론(Sensory Conflict Theory)이다. 감각 갈등 이론은 인간의 시각(Visual)과 전정(前庭, Vestibular) 감각(귀에 있는 기관에서 감지하는 감각)이 일치하지 않을 때 멀미를 유발한다고 가정한다. 인간은 보통 균형을 잡기 위해 시각(Visual)과 전정 감각을 통합한다. 시각은 우리 신체의 위치와 주변 사물에 대한 상대적인 위지 성보를 제공히며, 전정 감각은 신체의 움직임에 대한 정보를 제공한다.

하지만 때때로 두 개의 감각이 서로 다른 정보를 제공할 때가 있다. 배나 차를 탈 때 우리의 시각은 우리가 움직이고 있다는 정보를 제공하지만, 전정 감각은 앉아 있거나 서 있다는 정보를 제공한다. 그러면 두 가지 감각이 전달하는 정보가 일치하지 않게 되고, 이로 인해 멀미가 발생한다. 외부 입력 기기를 통해 메타버스 세계를 탐험하다 보면 이처럼 감각이 충돌하는 상황이 발생할 수 있다.

사용자가 의자에 앉아서 외부 컨트롤러를 통해 자신의 아바타를 걷게 했다고 가정해보자. 그렇다면 사용자의 HMD는 앞으로 걷고 있

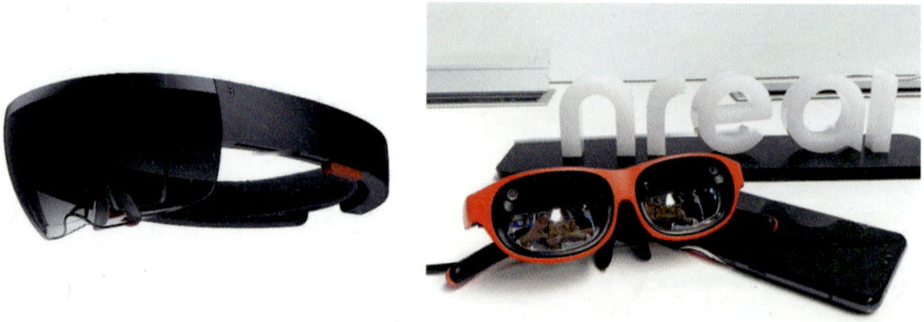

AR HMD인 마이크로소프트사의 홀로렌즈(Hololens)(왼쪽)와 엔리얼 글래스(Nreal Glass)(오른쪽) © Microsoft

는 영상을 송출할 것이므로, 사용자의 시각 정보는 앞으로 걷고 있는 상태에 대한 정보가 될 것이다. 하지만 실제 세계에 존재하는 사용자의 몸은 의자에 앉아있는 상태이므로 전정 정보는 앉아있는 상태에 대한 정보가 될 것이다. 즉 사용자가 컨트롤러를 통해 아바타를 움직이는 순간부터 감각 충돌이 일어나게 되고, 이러한 현상이 지속될수록 가상 멀미는 점차 심화될 것이다.

이러한 이유로 메타버스 세상에서의 이동은 현실세계로의 실제 이동을 가상세계의 이동과 일치시켜 달성하는 것이 권장된다. 다행히도 AR 혹은 MR HMD와 같이 See-Through Display(투명 디스플레이) 기반 HMD를 이용해서 메타버스 세상을 걷는 것은 생각보다 어렵지 않다. AR/MR 환경은 실제 공간에 사용자가 존재하고, 실제 공간의 일부를 가상의 물체로 대체하거나, 가상 물체를 실제 공간 위에 더하는(증강) 형태로 동작하기 때문에, 현실의 사용자 이동과 AR/MR 환경에서의 사용자 이동이 완전히 일치한다. 하지만 VR HMD와 같이 Close-Through Display(닫힌 디스플레이) 기반 HMD를 사용하게 되면 현실 공간에서의 이동을 별개의 센서를 통해 인식하고, 사용자가 이동한 거리만큼을 가상세계에 반영하여 가상세계에 존재하는 사용자 아바타의 이동에 반영해야 하는 절차들이 필요해진다. 하지만 일반적으로 VR 세계는 현실세계보다 크거나 다양하고 격렬한 형태의 움직임이 필요한 경우가 많아 단순하게 현실세계의 사용자 움직임을 가상세계의 움직임에 반영하는 데는 한계가 있다. 최근 이런 한계를 극복하기 위해 트레드밀을 응용한 기기 장치 등으로 사용자의 감각을 속여, 실제로는 좁은 공간을 움직이고 있지만 가상세계에서는 광활한 세계를 탐험하는 것처럼 느끼도록 하는 기술들이 연구되고 있다.

5. 혼합현실과 다중 사용자 메타버스 기술

현실을 살아가는 우리는 친구, 가족, 직장 동료, 이웃 등 수많은 사람과 이야기를 나누고, 감정을 교류하고, 함께 협업하며 살아간다. 현실과 같은 가상 경험을 제공하는 것이 메타버스이므로, 메타버스 세계도 당연히 이러한 교류와 상호작용을 지원해야 한다. 하지만 안타깝게도 수많은 메타버스 기술과 콘텐츠는 단일 사용자 중심으로 개발되었다. 이러한 현상이 일어난 가장 큰 이유는 기술과 비용의 한계 때문이다. 단일 사용자만을 대상으로 하더라도 충분히 높은 품질의 경험을 제공하는 것이 힘든 게 메타버스 관련 기술의 현 상황이다. 이런 상황에서 다중 사용자를 위한 인프라를 확보하면서 관련 기술을 개발할 여력을 가진 곳은 몇 곳밖에 되지 않는다.

예를 들어 개별 사용자에게 현실과 큰 차이가 없는 고품질의 가상

Microsoft사에서 홀로포테이션을 시연하는 유튜브 영상 캡처
© https://www.youtube.com

현실을 보여주는 데 필요한 컴퓨터의 수준은 '고성능의 GPU를 탑재한 개인용 컴퓨터' 정도이다. 하지만 사용자 10명 이상이 동시에 접속하여 현실과 같은 상호작용을 할 수 있는 고품질의 가상현실을 보여주려면 '고성능의 GPU를 탑재한 고연산을 지원하는 서버 컴퓨터'가 필요하므로 요구되는 인프라 비용이 급격하게 올라간다. 이러한 한계로 인해 여전히 비싼 인프라 비용을 감당할 수 있는 몇몇 연구소나 회사들이 관련 연구를 주도적으로 진행하고 있다.

하지만 연구계와 산업계에서는 다중 사용자를 지원하는 메타버스 세계에 언젠가는 반드시 도달해야 한다는 것을 인식하고 있다. 이에 관련 기술을 확보하기 위한 노력이 느리지만 천천히 이루어지고 있다. 2016년, 마이크로소프트사는 "홀로포테이션: 실시간 가상 3D 텔레포트(Holoportation: Virtual 3D Teleportation in Real-Time)"라는 제목으로 관련 기술을 발표해 전 세계의 이목을 집중시켰다. 홀로포테이션(Holoportation)은 다수의 고성능 3D 캡처 장비를 통해 원거리 사용자의 모습을 찍어 3D 이미지를 만들고, 이를 다른 사용자가 착용 중인 마이크로소프트사의 홀로렌즈에 전송하는 기술을 일컫는다. 그러면 홀로렌즈를 착용 중인 사용자는 자신이 존재하는 공간에 원거리 사용자의 3D 모습이 더해져 제공되므로 마치 자신의 눈앞에 있는 것처럼 보고 대화를 나누는 혼합현실* 경험을 할 수 있게 된다. 다수의 고성능

* 혼합현실(MR, Mixed Reality)은 VR과 AR을 섞어서 만든 콘텐츠로, 현실세계와 가상세계의 융합을 시도한 것이다. 실내 한복판에서 고래가 튀어나오는 미국 매직리프의 고래 영상이 유명하다. 한편 확장현실(XR, Extended Reality)은 가상현실(VR)과 증강현실(AR), 혼합현실(MR) 기술을 아우르는 기술이지만, 아직 구체적인 개념이 잡히지 않은 기술이기도 하다.

'Microsoft Ignite 2021'에서 진행된 혼합현실 기반 콘퍼런스 © Microsoft Ignite, 2021

3D 카메라, 카메라를 요구사항대로 설치하기 위한 충분히 넓은 공간, 실시간 이미지 변환을 위한 고성능 GPU, 홀로렌즈까지 요구되는 인프라 비용이 엄청나기 때문에 일반 사용자들이 사용할 수 있는 기술은 아니다. 하지만 마이크로소프트사는 이날 수많은 대중에게 XR 기술이 가져올 미래를 꿈꿀 수 있는 구체적인 장면을 시연했다. 이는 최근의 메타버스 붐을 일으키는 계기가 되었다.

최근 마이크로소프트사는 자사의 클라우드 컴퓨팅 플랫폼인 애저 클라우드(Azure Cloud)에서 혼합현실 기능을 제공하는 협업 플랫폼 메시(Mesh)를 발표했다. 단순히 기술을 시연하는 데 불과했던 홀로포테이션을 넘어, 서로 다른 공간에 있는 여러 명의 작업자가 다양한 기기에서 홀로그램 경험을 공유하며 협업하는 플랫폼을 제시했다. 마이크로소프트사는 다중 사용자를 지원하는 메타버스 환경을 이용해 원격 협업 환경을 구축하려는 것이 목표다. 만약 메시에서 온라인 회의를 진행하면, 지구 반대편에 있는 여러 사용자가 동시에 한 공간으로 모여 마치 바로 옆에 있는 것처럼 회의와 업무를 진행할 수 있다. 또한 필요에 따라서 디지털 데이터를 시각화하여 보여줄 수 있으며, 회의 공간이나 회의실의 레이아웃을 실시간으로 바꿀 수 있다. 실제로 마이크로소프트사는 '이그나이트(Ignite) 2021'이라는 글로벌 콘퍼런스 행사를 가상현실에서 진행한 적이 있다. 이때 메시 플랫폼을 활용하여 현실과 가상현실을 아우르는 공간에서 다수의 사용자가 협업을 통해 업무에서 다양하고 긍정적인 변화를 가져올 수 있음을 보여주었다.

그동안 다중 사용자가 접속하여 상호작용할 수 있는 메타버스 환경을 구축하려는 시도는 마이크로소프트사 외에도 다양한 연구소와 회사에서 활발하게 이루어지고 있었다. 그러다 최근의 코로나19 사태로 다중 사용자 접속 환경에 대한 수요가 폭증하게 되었고, 관련 기술과 플랫폼이 폭발적으로 성장했다. 이러한 성장에도 불구하고, 여전히 대다수 플랫폼과 기술들은 기존의 한계를 극복하지 못한 상태이며, 메타버스 세계가 정말로 올 것인지에 대한 대중의 의심 어린 시선을 받고 있다. 그렇다면, 대체 어떤 한계가 있기에 대다수 플랫폼이 대중을 설득할 만한 제품을 내놓지 못하고 있는 것일까? 현재 메타버스 플랫폼의 한계를 보완하기 위해 필요한 기술들을 살펴보자.

6. 실제 세계를 디지털 데이터화하는 기술

실제 세계의 정보를 가상세계에 투영하는 데 필요한 핵심 기술 중 하나가 3D 센싱/스캐닝과 관련된 기술이다. A라는 사용자의 현실세계에 존재하는 물체를 가상세계로 옮겨오고, 이를 B 사용자에게 보여줘야 하는 상황을 가정해보자. 가장 먼저 해야 할 일은 현실세계의 물체나 공간을 스캐닝해 가상세계에 렌더링할 수 있는 디지털 정보로 변환하는 일이다. 이때 사용되는 기술이 3D 센싱/스캐닝 기술이다. 물체의 부피, 모양, 방향, 색깔, 재질 등 물체가 가지는 고유한 정보를 다양하고 정확하게 측정할수록, B에게 제공할 수 있는 가상 물체의 품질이 올라가게 된다. 물체의 부피, 모양, 방향 등 형상과 관련된 정보를 얻기 위한 기술은 크게 4가지로 분류된다. ToF(Time-of-Flight) 기법, 레이저 삼각 측량 기법(Laser Tiangulation), 구조화 광 패턴 기법(Structured Light Pattern), 스테레오 비전 기법(Stereo Vision)이 그것이다.

우선 ToF 기술은 스캐닝하고자 하는 물체를 향해 입자나 파장을 발사하고 다시 돌아올 때까지 걸리는 시간을 이용하여 해당 물체의 외형적인 특징을 추정하는 기술이다. 이해를 돕기 위해 좀 더 자세히 살펴보자. ToF 카메라(ToF Camera)* 에 부착된 이미터(Emitter)에서 스캐닝하고자 하는 목표 물체를 향해 특정 파장을 지닌 빛을 쏘았다고 가정해보자. 해당 물체에 도달한 빛은 반사되어 다시 돌아올 것이고, 이렇게

* 티오에프 카메라: 배경 내 목표물의 3차원 영상 정보를 얻는 기기.

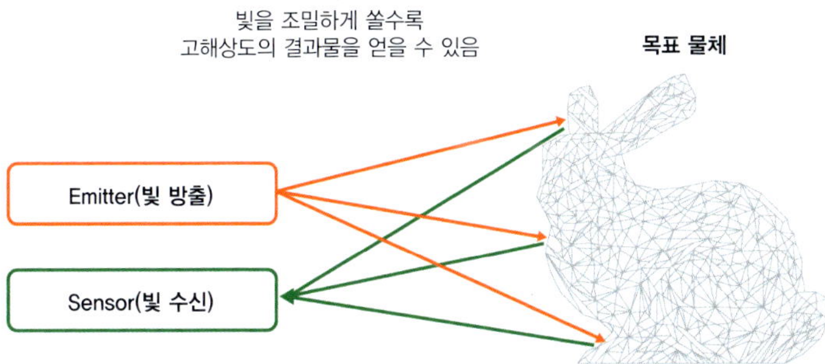

ToF 기술은 대상을 향해 방출된 빛이 돌아오는 데 걸리는 시간을 이용하여 목표 물체를 스캐닝한다.

돌아오는 빛은 ToF 카메라에 부착된 센서(Sensor, 혹은 Receptor, Receiver)를 통해 데이터화할 것이다. 그러면 데이터 분석을 통해 이미터에서 몇 초 전에 발사된 빛이 어떤 위치에서 도달한 것인지를 분석하고, 이를 통해 ToF 카메라로부터 물체까지의 거리 정보를 얻어낼 수 있다. 만약, 여러 나발의 빛을 일정 거리를 두고 쏘아내서 받아낼 경우, 특정 공간을 차지하는 물체까지의 거리를 나타내는 깊이 맵(Depth Map)을 얻을 수 있고, 이를 기반으로 해당 물체의 외형 정보를 추정할 수 있다.

자율주행차를 구현하려면 주변 상황에 대한 정보를 실시간으로 얻어야 하는데, 이를 위해 ToF 기술을 사용하기도 한다. 자율주행차를 구현하는 데 주로 쓰이는 라이다(LiDAR)• 센서는 주변부로 여러 다발의 레이저(Laser)를 쏘고 다시 돌아오기까지 걸린 시간을 측정해, 자동

• 레이저 펄스를 발사하고, 그 빛이 주위의 대상 물체에서 반사되어 돌아오는 것을 받아 물체까지의 거리 등을 측정함으로써 주변의 모습을 정밀하게 그려내는 장치다.

차 주변의 환경이 현재 어떤 형상인지를 얻어낸다. ToF 기술은 세밀하게 물체를 구별해내는 거리 분해능(Range Resolution, 두 물체를 식별할 수 있는 최소공간거리)이 뛰어나다. 따라서 고해상도의 데이터를 만들기 수월하며, 짧은 시간에 물체를 정확하게 감지할 수 있어서 각종 실시간 처리가 필요한 곳에 적용하기 쉽다는 장점이 있다. 그뿐만 아니라 다른 기술보다 가격이 저렴하고, 레이저 기반의 센서를 사용하면 꽤 넓은 공간의 정보를 얻을 수 있다. 그래서 자율주행차나 로봇 제어와 같이 센서 주변의 넓은 공간정보를 실시간으로 얻어야 할 때 자주 사용된다. 하지만 태양광의 간섭이 심한 환경에서는 돌아오는 빛과 태양광을 구분하기 힘들어져 오류가 발생하는 단점이 있다. 또한 고해상도 데이터를 얻으려면 빛을 받아들이는(Receptor) 칩이 많이 필요하므로 다른 센서에 비해 크기가 크다는 단점이 있다. 그래서 자율주행차들이 시연하는 광경을 보면 자동차 지붕에 큰 센서를 달고 운행하는 모습을 종종 볼 수 있다.

큐브 형태를 띤 실제 물체(왼쪽)와 센서(카메라 등)로부터의 거리가 가까울수록 검은색이 되도록 표현한 깊이 맵(오른쪽)

레이저 삼각 측량 기법은 타깃이 되는 물체에 특정 입사각으로 레이저 빔을 쏘았을 때 타깃 대상인 물체의 표면에서 산란되는 레이저를 특정 위치에서 포커싱하여 이미지를 얻는 기법이다. 레이저의 발사 위치와 포커싱을 위한 센서 사이의 각도(θ)를 알고 있으면 삼각 측량 기법(Triangulation)을 통해 물체까지의 거리를 측정할 수 있다. 예를 들어, 물체의 위치가 아래 그림에서처럼 d1, d2, d3로 변하면, 타깃인 물체의 표면에서 산란된 레이저가 센서 표면의 서로 다른 위치에 도달하게 된다. 이를 통해 레이저의 발사 위치와 타깃 물체 사이의 거리를 구할 수 있다. 레이저 삼각 측량 기법의 장점은 다른 기술보다 저렴한 비용으로 고정밀 측정이 가능하다는 점이다. 게다가 측정 범위도 넓어서 광범위한 앱의 요구사항을 충족할 수 있다. 하지만 레이저의 경로에 따라서 정확도가 영향을 받기 때문에 먼지나 기타 이물질이 많은 공간

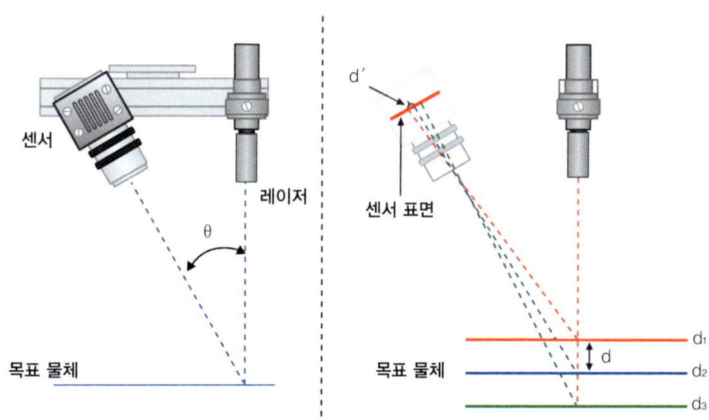

레이저 삼각 측량 기법을 쓰기 위해 사용하는 레이저와 센서(왼쪽), 물체와 레이저 발사 위치 간 거리가 변함에 따라 레이저가 도달하는 센서 표면의 위치가 달라지는 모습(오른쪽)

에서는 정확도가 떨어지고, 민감한 전자부품을 사용하는 경우가 많아 사용할 수 있는 온도가 다소 제한된다.

구조화 광 패턴 기법은 특정한 패턴을 가진 빛을 물체에 비출 때 물체 표면에 생기는 패턴을 분석하여 거리를 측정하는 방식이다. 일반적으로 직선형 무늬나 점 패턴을 물체에 투사하고, 물체의 굴곡에 따라 패턴이 굽어져 보이는 것을 분석한다. 물체 표면의 이미지를 분석하여 거리 값을 얻어낼 수 있으므로 다른 기법들에 비해 저비용으로 고해상도의 데이터를 얻을 수 있으며, 한번에 넓은 면적의 3차원 데이터를 획득할 수 있다는 장점이 있다. 하지만 물체 표면에 맺힌 패턴 인식을 방해하는 요소들에 취약하다는 단점이 있다. 예를 들어, 물체가 금속 표면과 같이 빛을 반사하는 특징이 있는 경우 표면에 맺히는 무늬가 왜곡되면서 측정 정확도가 낮아진다. 또한 주변의 조명이 강할 때도 왜곡된 무늬를 인식하는 것을 방해하므로 측정 정확도가 낮아진다.

스테레오 비전 기법은 카메라 두 대를 통해 얻은 이미지 정보를 이용하여 거리 정보를 획득하는 기법이다. 두 대의 카메라 사이의 위치 관계를 알고 있을 때, 한쪽 카메라의 이미지 평면에 맺히는 데이터와 반대쪽 카메라의 이미지 평면에 맺히는 데이터를 삼각법을 이용하여 분석하는 것이다. 이는 사람이 두 눈을 통해 물체를 볼 때 양쪽 눈에 비치는 이미지가 얼마나 다른가를 분석하여 거리감을 느끼는 것과 같은 원리다. 대표적인 장점은 2개의 영상 데이터와 깊이 데이터를 동시에 얻을 수 있어 다양한 처리를 병행할 수 있다는 점이다. 하지만 영상을 얻기 힘든 조도가 낮은 환경이나 너무 밝은 환경에서는 데이터의

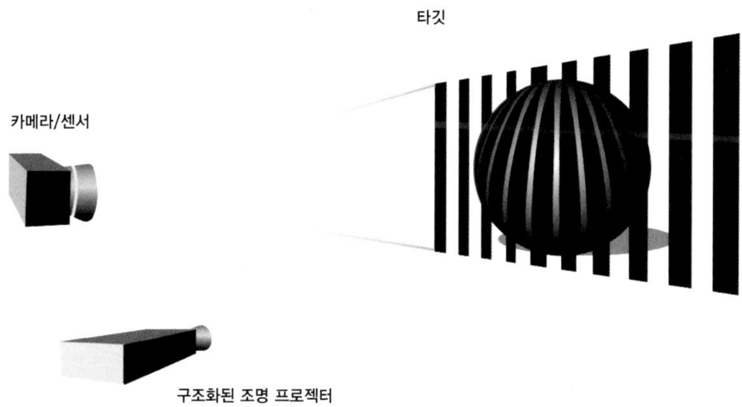

구조화 광 패턴 기법은 특정 패턴을 가진 빛을 물체에 비추고, 센서를 통해 물체 표면에 생기는 패턴의 굴곡을 분석하여 센서로부터 물체까지의 거리를 추정한다.

정확도가 떨어지며, 2개 이미지를 처리하는 알고리즘의 복잡도가 높아 고성능 프로세서를 필요로 한다는 점이 대표적인 단점이다.

시금까지 소개한 4가지 기술은 모두 저마다의 장단점을 가지고 있다. 따라서 목적과 사용 환경에 따라 최적의 기술을 사용하면 된다. 하지만 이들 기술에는 공통적인 한계가 있다. 먼저, 모든 환경에서 완벽하게 동작하는 센싱 기법이 존재하지 않는다. 반사체가 많은 공간, 먼지가 많은 공간, 조도가 너무 낮은 공간 등에서는 각 기법이 제대로 동작하지 않기 때문이다. 이로 인해 통일된 제품으로 일반 사용자에게 고품질의 경험을 전달하는 것이 매우 힘들다. 또한 해상도를 높이기 위해서는 센서 자체의 성능을 끌어올려야 하는데, 이는 일반 사용자들이 감당하기에는 큰 비용이다. 마지막으로, 센서들이 민감한 경우가 많아 통제되지 않은 상황에서 어떠한 오작동을 일으킬지 보장되지 않는 경우가 많다. 공연, 콘퍼런스, 시연 등 전문가가 통제할 수 있는 한정된 상황에서만 이러한 기술들이 주로 사용되고 있어, 일반 사용자를 위한 메타버스 환경에 바로 접목하기에는 아직 무리다.

7. 다중 사용자 메타버스를 위한 네트워크 기술

여러 명의 사용자가 하나의 가상공간에서 상호작용할 수 있으려면 고도로 발전한 네트워크 기술이 필수적이다. 특히 메타버스에 필요한 상호작용은 다양한 플랫폼을 통해 접속하는 사용자들끼리 10~100ms 이하의 응답속도로 실시간에 이루어지는 것이 권장되는 만큼 수많은 통신 프로토콜들을 통합하여 다루면서도 극도로 최적화되어야 한다.

1993년 스웨덴 왕립 공과대학 및 컴퓨터과학 분산시스템연구소에서는 고속 통신 및 분산 응용 프로그램을 연구하는 국가 연구 프로그램인 MultiG를 통해 여러 참가자가 공유 가상환경에서 만나고 상호작용할 수 있는 분산 소프트웨어 플랫폼 DIVE(Distributed Interactive Virtual Environment)를 개발했다. DIVE는 UNIX(유닉스, 소프트웨어 개발용 운영 체제)와 인터넷 네트워킹 프로토콜을 기반으로 하며 여러 다른 프로세스들이 참여하는 분산형 VR 시스템으로, 다수의 사용자가 공통된 가상환경에 접속하여 3차원 공간을 탐험하거나 서로 상호작용할 수 있었다. DIVE에서는 하나의 가상세계에 여러 사용자가 접속하여 상호작용하고 이에 대한 결괏값을 받아가게 하는 대신, 모든 사용자가 같은 세계의 데이터를 복제한 상태로 가지고 있다. 또한 특정 상호작용을 통해 일어나는 변화를 멀티캐스트 프로토콜을 통해 다른 복제된 세계에 전파하는 방식으로 구현되었다. 하지만 이러한 형태의 네트워크는 참여하는 사용자가 많아지면 시스템의 확장이 제한되고, 한정된 대역폭으로 인해 통신에 딜레이가 생기는 병목 현상이 일어난다. 무엇보다 다수 참여자 간의 데이터 공유가 지연되면서 일관성이 깨지는 문제들이 발생할 수 있다.

최근 들어 더 많은 사용자가 참여할 수 있는 가상현실 구축을 위한 네트워크 기술들에 관한 연구가 활발히 진행되고 있다. 다중 멀티캐스트, 다중 에이전트, 다중 서버-다중 사용자 구조 등을 통해 다중 사용자 간 데이터 교환에 발생하는 트래픽을 최소화하면서도 분산시키는 기술들이 연구되고 있다.

예를 들어, 다중 서버-다중 사용자 구조의 경우 각 사용자는 자신과 네트워크상 가장 가까운 서버와 해당 서버의 하위 사용자들 간에

다중 사용자를 위한 여러 가지 네트워크 모델의 예시

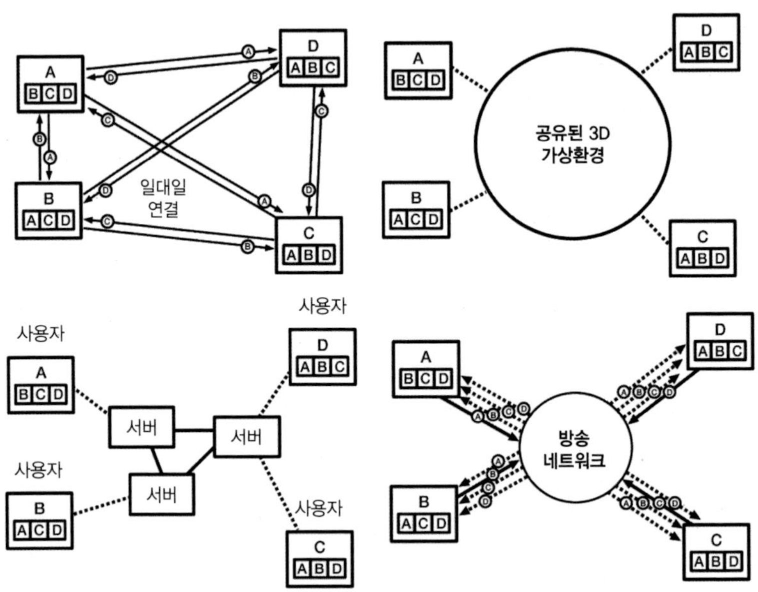

우선적으로 데이터 교환을 시도한다. 그리고 각 서버끼리는 자신의 하위 사용자들의 정보를 별도의 네트워크와 프로토콜을 통해 교환해 수많은 사용자 간의 데이터 일관성을 유지하면서도 트래픽을 분산하고, 쉽게 확장될 수 있는 구조를 제시한다. 이러한 방식의 대표적인 단점은 여러 계층의 서버를 데이터가 통과하면서 병목 현상이 발생할 수 있다는 것이다. 이는 비슷한 작업을 진행하거나 근접한 가상공간에 존재하는 사용자 단위로 같은 서버로 묶어서 관리하는 네트워크 근접 방법(Network Proximity Method) 등을 통해 단점을 최소화하기도 한다.

네트워크의 발전은 다중 사용자 간의 데이터 교환을 최적화했을 뿐 아니라 원격 렌더링 혹은 원격 딥러닝과 같은 새로운 형태의 시스템을 구축하는 데도 크게 기여했다. 메타버스 플랫폼의 트렌드는 멀티플랫폼 환경이다. PC뿐 아니라 각종 스마트폰, 스마트패드, XR HMD, XR 글래스 등 다양한 기기를 이용하는 사용자들이 통합된 가상공간을 즐길 수 있도록 하는 것이다. 하지만 이러한 기기들은 일반적으로 PC와 비교하면 연산능력이 제한적이다. CPU나 GPU 같은 핵심 연산장치들을 경량화하는 데는 엄청난 비용이 든다. 그뿐만 아니라 고성능의 연산은 그만큼 많은 전력을 잡아먹는데, 모바일 장치들에서 사용할 수 있는 전력량은 제한되어 있다. 그렇기에 좋은 품질의 메타버스 세계를 PC가 아닌 타 XR 기기 사용자들에게 제공하는 것도 굉장히 제한되었다.

최근에 이러한 한계를 돌파하기 위한 기술로 제시된 것이 바로 원격 렌더링, 원격 딥러닝과 같은 개념이다. 5G 네트워크의 시대가 도래하면 네트워크의 대역폭과 반응속도가 큰 폭으로 늘어날 것으로 기대되는 만큼 고비용의 연산들을 고성능 원격 서버에서 처리하고, 이에 대한 결괏값만을 네트워크를 통해 모바일 XR 기기에 전송해 사용자에게 전달하자는 것이다.

최근 마이크로소프트사에서는 애저 원격 렌더링(Azure Remote Rendering, ARR)을 선보였다. 자사의 클라우드 컴퓨팅 서비스인 애저(Azure)를 이용하여 클라우드 서버에서 복잡한 3D 환경을 렌더링하고 실시간으로 모바일 XR 기기에 스트리밍하는 형태로, 사용자에게 고품질의 3D 환경을 제공하는 서비스이다. 시연 당시 수억 개 이상의 다각형을 렌더링하여 스트리밍할 수 있었고, 다중 사용자들 사이의 실시간 상호작용 역시 지원하고 있었다. 회사뿐 아니라 다양한 연구에서도 이러한 구조를 채택하고 있다. 과거에는 모바일 XR 기기에 탑재된 센서를 통해 현실공간의 데이터를 수집·분석하고, 가상공간과 결합하여 렌더링한 후 사용자에게 전달하며, 사용자의 제스처나 각종 상호작용을 인식하여 가상 물체와 상호작용해 렌더링하는 등의 역할을 모두 XR 기기

원격 렌더링의 흐름도 예시

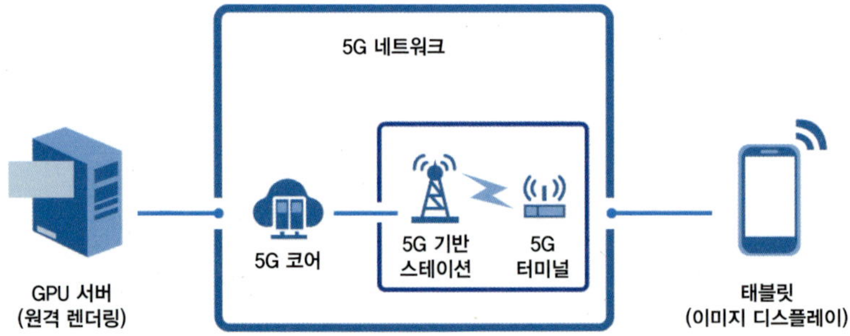

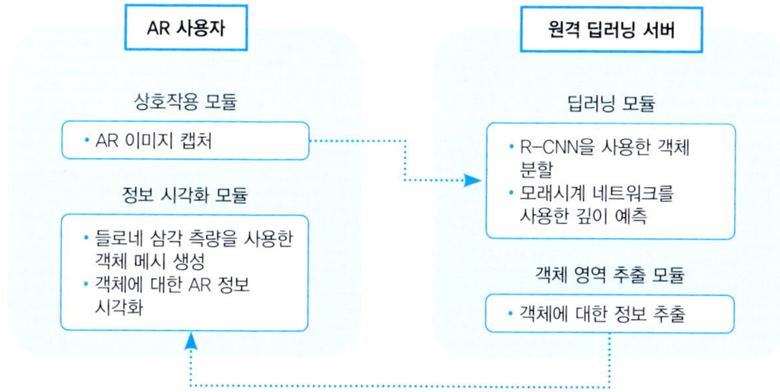

원격 딥러닝 서버를 AR에 응용한 연구의 예시. 데이터의 수집과 시각화는 AR 사용자를 통해 수행하고 복잡한 연산은 원격 딥러닝 서버로 처리했다. © "A Hybrid Approach to Industrial Augmented Reality Using Deep Learning-Based Facility Segmentation and Depth Prediction, 2021" 참조

내부에서 진행했다. 그런데 한정된 모바일 XR 기기의 특성상 낮은 렌더링 품질, 저조한 상호작용 정확도, 느린 응답속도 등 많은 문제점이 노출되었고, 이로 인해 XR 환경을 통해 새로운 혁신을 보여주지도 못하는 한계가 있었다. 하지만 원격 렌더링과 원격 딥러닝 서버를 활용하는 추세로 전환되면서 모바일 XR 기기의 역할은 탑재된 센서를 통해 실제 공간에 대한 원시 데이터와 사용자 움직임에 대한 원시 데이터를 수집하여 서버로 전송하고, 서버로부터 스트리밍되는 이미지 데이터를 사용자에게 제공하는 역할로 한정되었다. 이에 따라 사용자에게 고품질의 렌더링 결과물을 전해줄 수 있게 되었고, 더 정확하고 빠른 데이터 분석이 가능해져 다양한 응용을 하는 것이 가능해졌다.

8. 다중 사용자 메타버스를 위한 상호작용 기술

메타버스 세계에서 사용자들은 자신을 둘러싼 세계와 상호작용하고 싶어 한다. 손을 뻗어서 가상의 물체를 들어 올리고, 밀고, 던지고, 다른 곳으로 이동시키고 싶어 한다. 이러한 상호작용이 실제 현실처럼 가능해질수록 사용자는 가상공간에 대해 더 긍정적이고 사실적이라고 생각하게 되며, 나아가 자신이 진정으로 가상세계에 존재한다고 믿게 된다. 이를 다른 말로 '상호작용이 현존감(Presence)을 극대화'한다고 표현한다. 다중 사용자 메타버스 세계에서는 자신을 둘러싼 세계에 다른 사용자가 추가된다. 나와 한 공간에 존재하는 다른 사용자와 대화하고 싶어지고, 감정적인 교류를 하고 싶어지며, 함께 놀거나 일을 하고 싶어진다. 이러한 상호작용을 위해서는 특정 형태의 인터페이스 기기들이 필수적이다.

예를 들어, PC 온라인 환경에서 우리가 다른 사용자들과 교류하기 위해 사용하는 대표적인 기기로는 키보드와 마우스가 있다. 사용자는 이것들을 자기 생각을 글로 표현하는 기기, 또는 자신의 가상 캐릭터를 움직이는 컨트롤러로 쓰거나, 이모티콘 등으로 자신의 감정을 나타내는 PC 기반 인터페이스에 대한 입력 기기로 사용한다.

하지만 메타버스 세계에서의 상호작용은 이러한 하드웨어를 통한 입력과는 조금은 그 궤를 달리한다. 메타버스 세계에서 사용자는 현실처럼 자신의 몸을 직접 움직이고, 무엇인가를 만지며, 물리력을 가할 수 있다는 느낌을 받는다. 그러므로 인터페이스 기기 역시 단순

가상현실에서의 상호작용은 실제 자신의 몸을 직접 움직이는 형태가 주를 이룬다. © https://pale.blue/technology/simulation-platform/vr-interact

히 키보드나 마우스처럼 특정 규약에 따라 컴퓨터에 정보를 전달하는 수준을 넘어, 사용자의 움직임과 의도를 이해하여 메타버스 세계에 적용할 수 있을 만큼 고도화할 필요가 있다.

예를 들어, PC 기반 게임에서 사용자의 캐릭터 앞에 놓인 박스를 들어 올리기 위해서 주로 선택하는 방법은 “눈앞의 박스를 들어 올리려면 마우스를 통해 캐릭터를 박스 앞에 위치시키고 G키를 눌러 들어 올리세요”라는 메시지를 출력하는 것이다. 그리고 사용자가 안내사항을 따르면 이에 해당하는 결과를 PC 모니터에 출력해준다. 하지만 메타버스 세계에서 사용자 앞에 놓인 박스를 들어 올리기 위해 가장 권장되는 방법은 실제 사용자가 자신의 몸을 움직여 가상 아바타를 조종하는 것이다. 즉 사용자의 손이 박스에 닿은 순간 물리적으로 가장 알

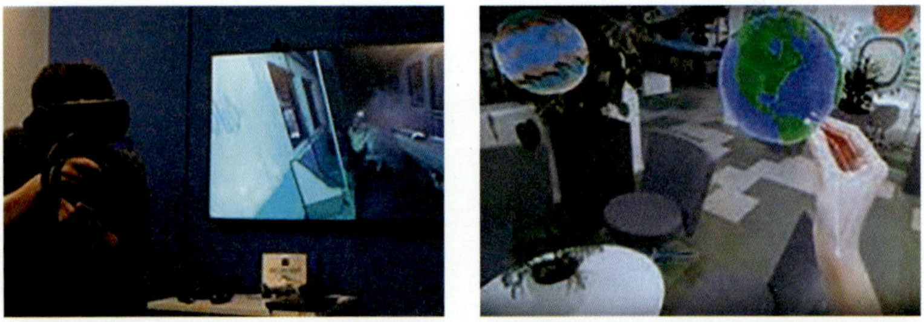

메타버스 환경에서의 상호작용 예시. 키보드나 마우스를 이용하는 것이 아니라 실제 자신의 움직임을 통해 가상세계에 영향을 미치는 방식이다. 현실과 다름없는 경험을 할 수 있지만, 이를 구현하기가 굉장히 어렵다.

맞은 상호작용 애니메이션을 출력하고, 사용자가 손을 들어 올리면 해당 박스를 같이 들어 올려 주는 것이다. 이를 위해서는 사용자의 움직임을 실시간 추적해 가상세계에 적용해줘야 하고, 사용자가 얼마나 힘을 주고 있는지를 특정 센서를 통해 추정해야 하며, 사용자와 가상 물체 사이의 올바른 애니메이션 출력을 위한 연산과 렌더링이 필요하다.

이처럼 메타버스 세계에서 완벽한 상호작용을 하려면 고성능 센서와 복잡한 알고리즘, 그리고 수많은 연산이 필요하다. 하지만 수많은 사용자를 모두 만족시키는 환경을 제공하는 것은 비용도 문제지만 구현하기도 쉽지 않으므로 대다수 메타버스 플랫폼들은 많이 타협해서 인터페이스 환경을 구성하게 된다. 이는 사용자가 메타버스 세계가 실제적이지 않다고 느끼게 만드는 하나의 중대한 요소가 되곤 한다.

메타버스 상호작용을 어렵게 만드는 또 다른 요소는 감각 정보가 불완전하다는 점이다. 현실에서 우리는 보통 오감을 통해 얻은 데이터를 종합하여 주변 환경을 인식한다. 눈을 통해 들어오는 시각 정보, 귀를 통해 들어오는 청각 정보, 코를 통해 들어오는 후각 정보, 피부를 통

가상 회의, 가상 수업 등 다양한 형태의 다중 사용자 메타버스 서비스를 선보이고 있지만, 감각 정보의 불완전함으로 현실만큼의 공존감과 사회적 현존감을 제공하는 것이 힘들어 돌파구를 찾는 중이다.

해 들어오는 촉각 정보, 혀를 통해 들어오는 미각 정보로 주변에서 무슨 일이 일어나고 있는지를 판단하게 된다. 이는 서로 상호작용할 때도 마찬가지인데, 안타깝게도 현재의 기술로는 이러한 오감 정보를 사용자에게 모두 전달하는 것은 불가능하다.

예를 들어, 현실세계에서 사람 A가 사람 B를 밀친다면, B는 A가 전달한 물리력에 의해 자신의 몸이 뒤로 밀려나는 체험을 하게 되고, A는 이에 대한 반작용을 체험하게 된다. 그리고 A의 의도에 따라 B의 기분이 변화하고, 이에 대한 후속적인 상호작용이 일어나게 된다. 하지만 메타버스 환경에서는 가상 아바타 A가 가상 아바타 B를 밀쳤을 때 이러한 물리력의 교환을 사실적으로 전달하는 것이 제한되며, 이로부터 파생되는 후속적인 상호작용을 기대할 수 없다.

이러한 감각 정보의 불완전함은 물리력이 동반된 상호작용뿐 아니라 공존감(Co-Presence) 혹은 사회적 현존감(Social Presence) 등에도 심각한 영향을 미친다. 회의를 예로 들어보자. 실제 환경에서 회의를 해보면 옆 사람의 숨소리, 미세한 움직임 소리, 체온으로 인한 미묘한 온도 변화 등이 모두 느껴진다. 또한 나와 대화하는 사람 혹은 발표하는 사람의 미묘한 얼굴의 변화, 동공의 움직임, 버릇 역시 볼 수 있다. 하지만 메타버스 기반 화상회의를 진행해보면 이와 같은 정보들이 모두 부재함을 알 수 있다. 발표하는 사람의 목소리는 들려오지만 미묘한 얼굴의 변화와 같은 정보는 전달되지 않는다. 이로 인해 화상회의에 참여한 사람이 느끼는 공존감과 사회적 현존감이 심각하게 저하되고, 결과적으로 회의를 통한 정보 전달력 혹은 의견 교환의 효율성 등이 저하된다.

앞에서 말했듯이 이러한 감각 정보를 완전하게 전달하는 것은 현재의 기술로는 불가능하므로 수많은 연구자와 개발자들이 대안을 찾고 있다. 최근에는 메타버스 환경에서 선생님 한 명이 다수의 학생을 가르치는 환경을 구성할 때 학생들의 학습 효율을 극대화하고 선생님이 느끼는 강의의 부담을 최소화하는 연구들이 진행되었다. 이때 논의된 주제들을 살펴보면, 감각 정보의 부재로 저하된 학생들의 공존감과 현존감을 극대화하기 위해 다수의 학생이 서로의 존재감을 느낄 수 있는 핵심 정보들을 추가로 전달하는 것을 논의한 연구, 학생들이 메타버스 환경에 접속했을 때 그들의 시야 내에 최대한 많은 학생과 선생님, 그리고 콘텐츠가 들어오도록 교실의 레이아웃을 설정하는 연구가 있었다. 또한 현재 학생들이 콘텐츠에 제대로 집중하고 있는지 선생님이 잘 감독하도록 정보를 전달하는 연구, 선생님의 전신을 스캐닝하여 학생들에게 미묘한 정보까지 전달하는 연구 등이 있었다.

수년이 지나도 현실만큼 충실한 감각 정보를 전달하는 것은 불가능할 것이고, 여전히 많은 메타버스 플랫폼들이 이로 인한 어려움을 겪을 것으로 예상된다. 하지만 최근의 연구 트렌드는 이러한 문제들을 어느 정도 완화하고 보충하는 방법을 다양한 방면으로 모색하는 추세이며, 어느 정도 의미 있는 성과를 거두고 있다. 이를 미루어 봤을 때 조만간 사용자들도 납득할 만큼 현실적이면서도 사용성이 높은 기술이 나올 것으로 예상된다.

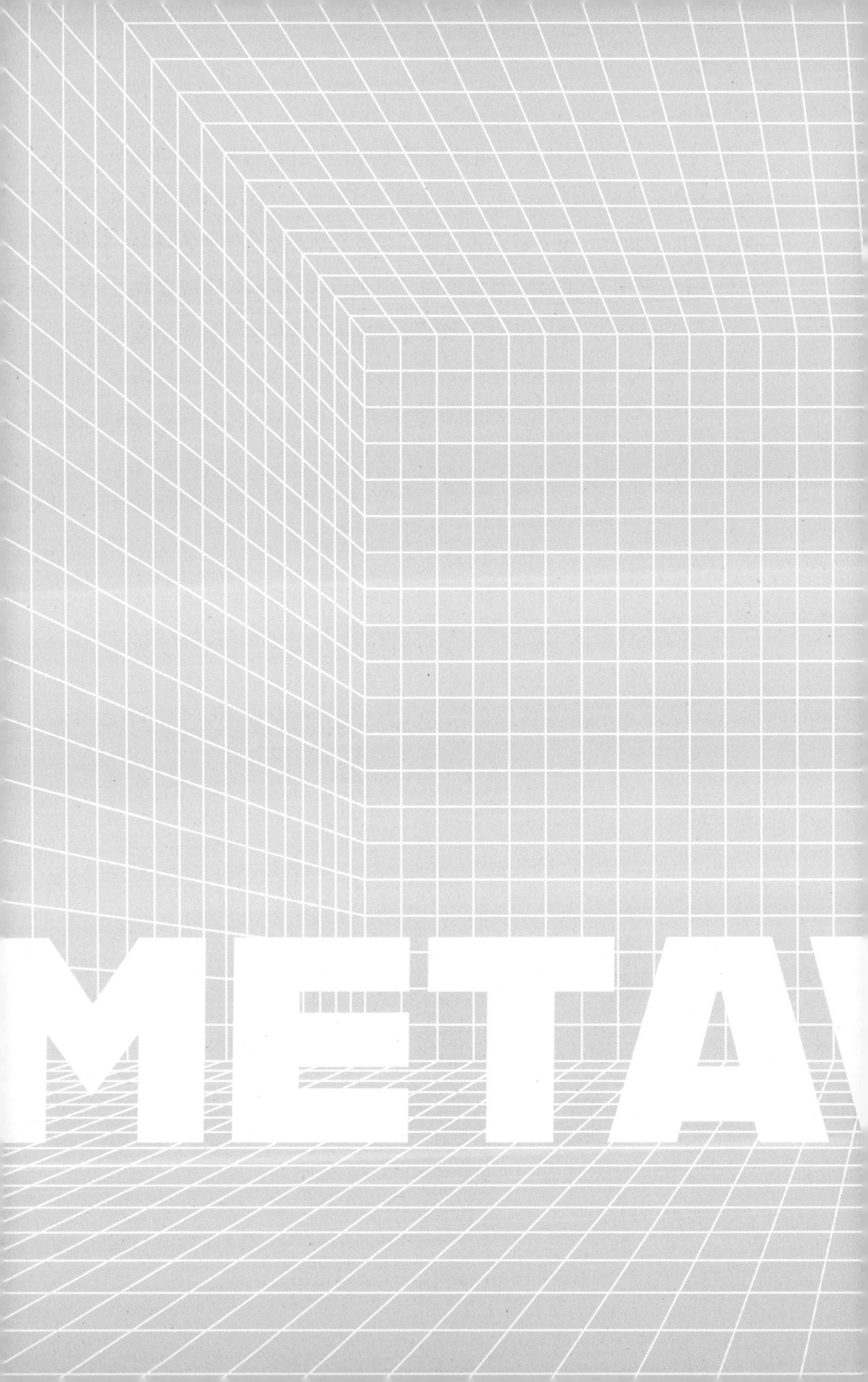
META

03

메타버스의 한계, 초실감으로 극복한다

1장과 2장에서 살펴본 것처럼 메타버스라는 용어 자체가 모호하고 광범위한 의미를 지니고 있어서, 이 용어를 처음 접하는 사람에게 메타버스에 대해 딱 잘라서 한 문장으로 설명하기가 쉽지 않다. 그나마 쉽게 설명하는 방법 중 하나가 이것으로 뭘 할 수 있는지, 그리고 무엇을 이룰 수 있고 어떻게 바뀔 것인지 구체적인 적용 사례를 드는 것이다. 그러나 이로 인해 메타버스라는 용어에 대한 소개가 하나의 서비스 용어로 편중되어 있다는 느낌을 지울 수 없다.

이러한 설명 방식 때문에 생겨난 부작용이 있다. 모든 것이 완성된 후의 결과물인 '장밋빛 적용 사례'만을 듣게 되면 사람들의 기대치가 높아지기 마련이다. 1990년대 후반에 가상현실이 몰락한 이유도 형편없는 기술에 비해 사람들의 기대치가 너무 컸기 때문임을 기억하면, 메타버스 광풍으로 높아진 기대치도 마냥 좋은 것만은 아니다. 현시점이 무엇보다 중요한 이유는 이러한 기대치를 기술적으로 충족시켜줄 수 있느냐 없느냐에 따라 메타버스 광풍이 호기심을 넘어 산업으로 정착할 수 있을지 결정되는 시점이기 때문이다.

'장밋빛 적용 사례'를 실제로 실현하기 위해서, 꼭 필요한 기술적 요소 중 하나가 바로 초실감 피드백 기술이다. 실감 미디어라고 통칭되는 가상현실·메타버스 기술들이 다른 미디어 기술과 차별화되는 유일한 요소가 '초실감을 통한 경험의 직접적인 감각화'이기 때문이다. 메타버스를 적용한 사례 대부분이 초실감 경험이 제공되지 않으면 의미 없는 것들이거나 다른 미디어·커뮤니케이션 기술로 대체될 수 있는 것들이다. 이 장에서는 초실감 피드백이 왜 중요한지, 그리고 어떤 기술적인 허들을 넘어야 하는지 살펴봄으로써 메타버스의 성공을 위한 핵심 돌파구, 즉 Break-Through를 제시하고자 한다.

1. 현재 메타버스의 한계와 초실감

인간은 감각의 동물이다. 인간의 삶을 영위시켜주는 모든 것의 시작은 인간의 외부에서 발생하는 여러 물리적 자극을 감각하고 인지하면서부터 시작된다. 의식주를 해결하는 기본적인 생명활동부터, 인간을 더 인간답게 만들어주는 고차원적인 예술활동, 사회활동에 이르기까지 모든 것이 외부 자극을 감각하면서 시작된다. 이러한 감각 정보는 여러 방법으로 정제된 후 뇌로 전달된다. 이를 바탕으로 인간은 사고하고, 판단하며, 경험한다.

메타버스는 현실을 반영하고, 현실과 연결되어야 비로소 그 효과를 최대한 발휘할 수 있다. 감각의 동물인 현실의 인간을 메타버스 환경 내에서 그대로 만들어내려는 시도는 메타버스 또는 그와 비슷한 시도를 할 때 항상 주요 주제 및 허들이었다. 현실의 감각적인 경험을 메타버스에서 그대로 재현해낼 수 있다면 메타버스의 활용도는 무궁무진해질 것이다. 다시 말해, 아직 메타버스의 활용도가 게임이나 커뮤니케이션 용도로밖에 사용되지 못하는 이유 또한 이러한 감각적인 경험을 제대로 만들어내지 못하는 데 기인하는 경우가 많다.

필자는 특정 기술의 현 수준을 한눈에 보여준다는 점에서 구글 이미지 서치를 자주 활용하곤 한다. 다음의 사진은 구글 이미지 서치로 'Virtual Reality'를 검색한 결과다. 이 검색 결과는 현재 가상현실 기술의 특장점뿐만 아니라 한계를 같이 보여준다. 대부분의 검색 이미지에서 사용자는 가상현실 고글을 쓰고 마치 자기 앞에 사물이 실제

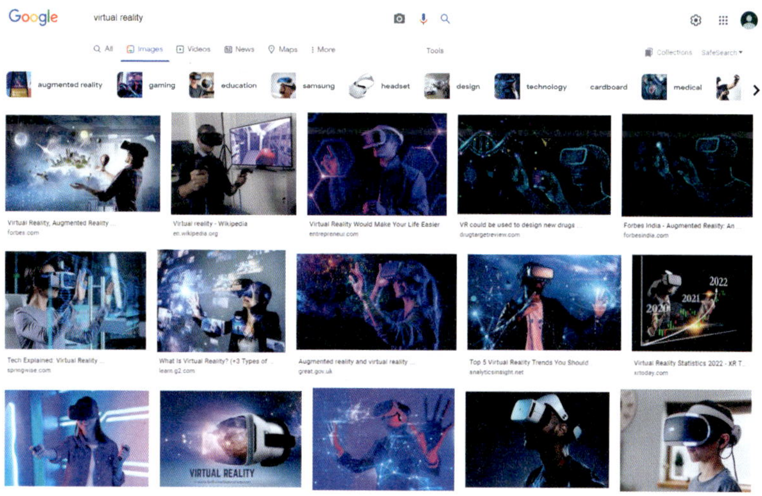

Virtual Reality 키워드로 구글 이미지를 서치한 결과 캡처

VR 고글을 통해 보이는 물체를 만지려고 시도하지만 만질 수 없는 사용자

로 있는 것처럼 놀라는 모습인데, 이는 가상현실 기술의 장점을 잘 보여준다. 하지만 검색 결과를 다른 측면에서 살펴보면, 사용자들 대부분이 자기 앞에 실제처럼 '보이는' 가상 물체를 '만지려는' 시도를 하고 있지만, 손은 공중에서 허우적댈 뿐 만질 수는 없다. 현 가상현실 시스템의 한계인 것이다. 시각을 제외하고는 실제 현실에서 사람들에게 제공되는 감각을 제대로 재현하지 못하는 한계로 인해서 수많은 소위 'Fancy'한 메타버스 앱들이 아직은 빛을 보지 못하고 있다. 미래 메타버스 성공의 핵심 요소는 이 다감각 재현(Multimodal Feedback) 기술의 한계, 즉 다감각 초실감 재현 기술의 한계를 어떻게 극복하느냐에 달려 있다고 해도 과언이 아니다.

메타버스가 잘 활용되지 못하는 또 다른 원인 중 하나가 메타버스 기술이 가지고 있는 특별한 장점들이 효율적으로 활용되지 못하기 때문인 경우가 많다. 예를 들어, 최근 메타버스를 활용한 교육을 많은 학교에서 시도하고 있는데, 시도는 좋지만 지속적인 사용으로 이어지는 경우는 드물다. 그 이유 중 하나가, 비디오 기반 온라인 수업과 별다른 차이가 없기 때문이다. 내용 전달의 측면에서는 오히려 비디오 기반 혹은 강의자료 기반 온라인 수업이 더 효율적일 수 있다.

그러면 교육에서 메타버스의 자리는 없는 것일까? 당연히 있다. 메타버스의 장점이 무엇인가? 온라인으로 직접적인 감각 경험을 제공할 수 있고, 다른 사람과 자연스럽게 커뮤니케이션할 수 있다는 점이다. 그렇다면 일반 강의 교육 말고, '직접적인 감각 경험'과 '커뮤니케이션'이 중요한 요소인 교육 콘텐츠에 메타버스를 적용하는 것이 자연스러운 흐름일 것이다. 대표적으로 장치·도구 등을 직접 만져보고 경험하면서 교육하는 '실습수업'이나 다른 학생들과의 커뮤니케이션이 중요한 '토론수업' 등이 메타버스와 잘 매칭되는 수업이 될 수 있겠다.

1990년대 첫 번째 가상현실 붐이 일었을 때, 사람들은 가상현실의 가능성에 열광했다. 오감을 모두 포함한 경험 그 자체를 전달할 수 있다니! 이 새롭고 아름다우면서 이해하기 쉬운 개념이 널리 퍼지자, 이를 발판으로 가상현실 연구자는 물론 일반인들까지 가상현실로 가능한 수많은 시나리오를 만들어냈다. 이것이 빠른 시일 내에 이루어질 것을 기대하며 사람들은 가상현실 연구자들을 독촉했다. 하지만 이 열기는 2000년대 초반 빠르게 끓어오른 만큼 빠르게 식어버렸다. 너무 커져버린 기대치를 기술이 따라가지 못한 것이다.

2000년대 후반, 가상현실 기반 기술이 발전하면서 우리는 또 한 번의 가상현실 붐을 맞았고, 이 붐은 아직 꺼지지 않고 있다. 1차 붐 때보다는 기술적으로 훨씬 성숙해졌지만, 여전히 가상현실의 이상적인 주요 시나리오들을 완벽하게 제공하는 것은 불가능하다. 사실적 촉감의 부재, 여전히 불편한 시각 디스플레이, 멀티모달(Multi-Modal, 여러 가지 감각기관을 동시에 사용하는 것) 콘텐츠의 부족 등을 해결할 기술적인 도약(Break-Through)이 빨리 이루어져야 일시적인 붐을 넘어선 안정적인 산업으로 안착할 수 있을 것이다.

2. 초실감 메타버스의 핵심, 촉감의 세계

1) 메타버스에서 촉감은 왜 중요한 것일까?

평소에 잘 깨닫지 못하고 있을 뿐이지, 촉감은 우리 삶에 매우 깊은 영향을 미치는 감각이다. 눈은 감을 수 있고 귀와 코도 막을 수 있지만, 피부는 언제나 무언가에 닿아 있다. 촉감은 항상 인식할 수밖에 없는 감각인 것이다. 피부는 온도와 질감, 모양, 무게의 사소한 변화까지 감지하는 거대한 단일 기관으로, 우리가 포착하는 촉감의 범위는 놀랄 정도로 광범위하다.

인간의 촉감은 다른 감각기관보다 원초적이고 감정적이다. 태아가 엄마의 뱃속에서 자랄 때 가장 먼저 발달하는 감각기관이 이 촉감으로, 아기가 태어날 때 가장 정확한 정보를 준다. 갓 태어난 아이는 아직 이해할 수 없는 정보만 가득 차 있는 시각 정보 대신에, 이해할 수 있는 촉각 정보를 통해 엄마와 소통하고 안정감을 느낀다. 그렇기 때문에 우리는 성인이 되어서도 손을 잡고 껴안으면서 사랑을 표현하고 편안함을 느끼는 것일지도 모른다.

촉감은 생명 유지와도 직결된다. 생명에 위협을 가하는 위험 상황을 다른 어떤 감각기관보다 빨리 뇌에 전달하고 빠른 반응을 이끌어낸다. 특정 신체 부위에 몰려 있는 다른 감각기관의 수용체(Receptor)와는 달리, 촉감 수용체(Cutaneous Receptor)들은 온몸의 피부에 걸쳐 있어서 전방위의 위험에 대처하고 정보를 수집한다. 보호막이면서 조기경보 센서인 셈이다.

흔히, 인간이 받아들이는 정보의 70% 이상이 시각을 통해서 전달된다고 한다. 정보의 양만 보면 촉감이 시각의 보조수단으로 전락한 모양새지만, 꽤 많은 상황에서 중요성이 역전된다. 몇 가지 예를 들어 보자. 요즘은 많은 개복 수술이 복강경 수술로 대체되었다. 수술 부위 근처를 아주 작게 절개하고, 이 절개한 부위에 얇은 봉 형태의 카메라와 수술 도구들을 넣어서 수술하는 기법이다. 기본적으로 카메라가 부착되어 있지만, 좁고 한정된 시야의 움직임만을 제공해, 시각적으로는 많은 제한이 따른다. 하지만 여전히 의사들은 복강경 수술을 통해 정밀한 수술을 하고 있다. 이는 시각 정보뿐만 아니라 도구로 전달되는

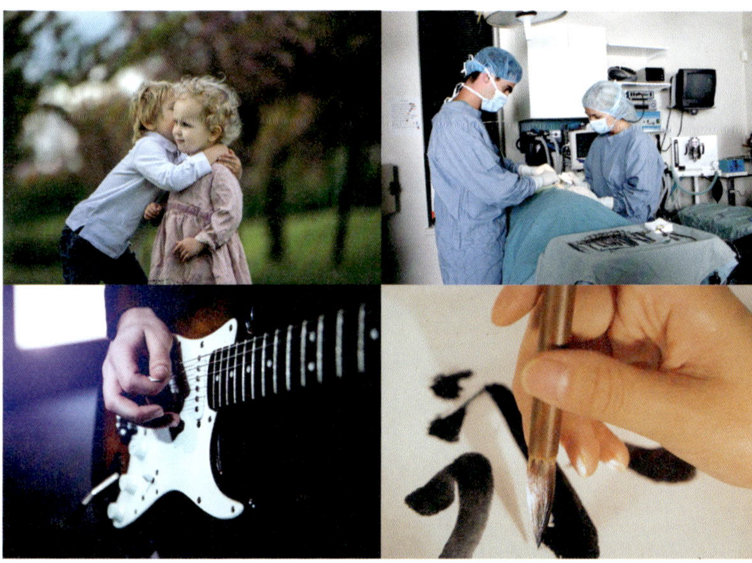

손의 감각운동기술은 예술활동에서 중요한 역할을 한다.

1980년대 NASA 에임스 연구센터에서 사용한 HMD와 유선 장갑 © 위키피디아, NASA

촉감 정보가 있기에 가능하다. 이러한 수술은 촉감이 중요한 역할을 하는 작업이라고 볼 수 있다.

이렇게 손의 감각운동기술(Sensorimotor Skill)이 작업 자체에 중요한 역할을 하는 것은 예술활동에서 흔히 볼 수 있다. 기타 연주, 피아노 연주, 바이올린 연주뿐 아니라 붓글씨, 미술 작업과 같은 대부분의 예술활동을 살펴보면 도구로부터 오는 촉감과 이에 반응하는 근육 제어, 이 두 가지의 아주 미세한 조화가 작품의 질을 결정한다. 특히 음악 연주자들이 악기를 보지도 않고 촉감만으로 연주하거나, 미술작가들이 미술작품을 만들어내는 과정은 촉각이 다른 감각보다 훨씬 중요한 역할을 하기도 한다.

최근에 인터페이스의 혁명이라고까지 불리는 신발명품이 스마트폰의 터치스크린이다. 사용 빈도로만 따지면 키보드-마우스 기반의 컴퓨팅 환경에서 터치스크린 기반의 컴퓨팅 환경으로 대세가 넘어간 지 오래다. 심지어 요즘 어린이들은 터치스크린을 먼저 접하며, 컴퓨터 하면 터치스크린을 먼저 떠올린다. 이렇게 특정(작업 수행) 목적을 제외하고 터치스크린이 키보드-마우스 체계에 판정승을 거둔 이유 중 하나가 바로 터치스크린이 제공하는 자연스러운 상호작용(Interaction) 때문이다. 터치스크린은 보는 것을 그대로 조작하는 직접 조작(Direct Manipulation)의 장점 외에 실제로 딱딱한 무언가(화면)에 접촉하면서, 즉 무언가를 만지고 있다는 촉감을 제공하면서 상호작용한다는 장점이 있다. 이 부분에서도 촉감이 굉장히 중요한 역할을 한다.

2) 어떻게 촉감을 통해 세상을 인지하는가?

촉감은 사실 굉장히 복잡한 감각이다. 시각이 빛이라는 한 종류의 물리 신호가 눈 안의 시신경을 자극하여 만들어내는 것이라면, 촉각은 관련된 물리 신호만도 3가지 이상이다. 힘, 압력, 움직임, 열, 화학성분 등이 피부수용체를 다양하게 자극해 완전히 다른 감각들을 만들어낸다. 촉감 연구자들은 이러한 다양한 감각 혹은 정보를 크게 2가지로 분류하는데, 근감각(Kinesthetic Information)과 촉각(Tactile Information)이 그것이다.

예를 하나 들어보자. 만약 내 옆에 서 있던 친구가 손을 뻗쳐서 내 팔뚝을 민다고 가정해보자. 그러면 나는 뒤로 밀릴 것이다. 밀리면서 자신이 움직이는 걸 느끼고, 더 밀리지 않기 위해 자신의 몸이 만들어내는 힘을 느낄 것이다. 이러한 움직임과 힘은 내 몸의 어느 부분에서 느끼는 것일까? 바로 내 관절들과 관절에 연결된 근육에서 느끼는 감각이다. 이를 근감각(Kinesthetic Sensation)이라고 부른다. 이와 동시에 내 팔뚝의 피부에서는 꾹 누르는 압력을 느끼게 된다. 이는 순수하게 피부에서 느끼는 감각으로, 앞의 반발력에 대한 감각과는 다르다. 이를 촉각(Tactile Sensation)이라 부른다.

다른 예를 들면, 누군가와 팔씨름을 할 때 내 팔과 손가락 관절에서 느끼는 힘이 근감각이고, 내 손바닥과 손가락 피부에서 상대방이 누르는 느낌이 촉각이다. 이렇게 관절에서 근육으로 느껴지는 근감각은 움직임, 외부 힘, 방향 등과 관련이 있고, 피부에서 느끼는 촉각은 압력, 진동, 온도 등과 관련이 있다. 이 두 가지 형태의 촉감은 생체학적 메커니즘, 관련된 물리 자극 등이 매우 달라서 촉감 연구자들은 보통 따로 연구한다. 출력 장치를 만들 때도 이 둘을 분리해서 따로 생각

촉감의 2가지 형태 © pixabay

하여 장치를 디자인해야 한다.

가상현실용 몰입형 촉감 인터페이스를 만드는 것은 상당히 까다로운 일이다. 이것은 인간이 촉감을 인지하는 특성에 기인한다. 앞에서 말했듯이, 촉감에 관련된 물리적인 신호들은 다른 감각들과 비교해 종류가 대단히 많다. 촉감으로 힘도 느껴야 하고, 온도도 느껴야 하며, 진동도 느껴야 한다. 따라서 이상적인 촉감 제공 장치라면 이 모든 종류의 물리 신호를 한꺼번에 만들어내고 이를 사람의 피부나 관절에 전달할 수 있어야 한다. 피부에 부착할 수 있는, 아주 작고 얇으면서 진동, 열, 압력까지 자유자재로 생성해낼 수 있는 소위 만능 액추에이터(Universal Actuator)가 있으면 이것이 가능할지도 모른다. 많은 연구자가 이러한 촉감 인터페이스를 만들기 위해 노력하고 있지만 안타깝게도 아직은 불가능하다. 한 번에 하나의 촉감만 제공하기도 벅차다.

촉감 기술의 또 다른 난관으로, 다른 감각들과 달리 센서가 온몸에 걸쳐서 분포되어 있다는 점을 들 수 있다. 시각이나 청각 같은 경우는 모든 수용체가 눈 혹은 귀에 몰려 있어서 눈과 귀를 덮어버리는 형태의 디스플레이, 즉 HMD나 헤드폰으로 손쉽게 외부와 차단된 몰입형 디스플레이 장치를 만들 수 있지만, 촉감은 이것이 쉽지 않다. 온몸을 감싸는 옷 형태의 촉감 인터페이스에 대한 시제품이 연구되고 있는 것은 다행이나 아직은 상용화되기 전이다. 입는 형태의 인터페이스는 사용성이 많이 떨어지는 문제도 고려해야 한다.

촉감 인터페이스를 만드는 데 따르는 난관이 하나 더 있다. 촉감을 만들어내는 물리 신호는 상대적으로 에너지가 크다는 점이 문제다. 빛 에너지나 공기의 떨림으로 만들어지는 소리와 비교해서 촉감을 만들어내는 물리 신호는 대부분이 질량이 있는 물체의 움직임으로 만들어지거나(힘, 진동, 압력, 충격 피드백 등) 다량의 에너지가 직접 전달되어야(열 피드백) 한다. 에너지를 많이 만들어내기 위해 햅틱 장치는 당연히 크기가 더 커지게 마련인데, 부피가 커서 사용성은 떨어지고, 가격은 올라가게 된다. 이는 상용화에 아주 큰 걸림돌이 된다.

이러한 문제를 해결하는 대안 중 하나로 비부착형 햅틱 제공 기술(Non-Contact Haptic Feedback)이 있다. 피부와 물리적 접촉을 하지 않고 초음파, 바람, 레이저 등의 비접촉 매개물을 활용해 원거리에서 에너지를 전달하여 촉감을 만들어내는 기술이다. 최근 떠오르는 기술로 주목받고 있다. 이처럼 촉감 기술의 여러 난관을 해결하고 가상현실 사용자에게 사실적이고 풍부한 촉감 피드백을 제공하는 일이야말로 메타버스의 대중화를 위한 중요한 당면과제라 할 수 있다.

우리 인간이 촉감을 어떻게 인지하는지를 본격적으로 알아보기 전에, 촉감 인지에 대한 이해가 어떻게 초실감 메타버스 기술 개발과 연결되는지 그 연결고리를 살펴보도록 하자. 초실감 가상현실의 최종 목표는 사용자를 속여서 사용자가 컴퓨터가 만든 가상의 세계가 아니라 현실에 있는 듯한 착각을 하게 만드는 것이라고 앞에서 이야기했다. 다음 그림의 A를 살펴보자. 인간은 감각기관으로 세상의 신호를 받아들여 현실을 지각하고, 지각한 정보와 자신의 기억, 주의력을 바탕으로 상황을 인지하고, 사고하며, 판단한다. 판단의 결과에 따라 자신의 근육에 명령을 내려 세상을 변형시킨다. 세상은 변형되고, 이 변형된 세상은 또 다른 물리 자극을 만들어내며, 다시 사람은 이를 지각하게 된다. 이 상황에서 가상현실의 목표, 즉 사람을 속이는 일은 어떻

감각기관과 가상현실 입·출력 장치 비교

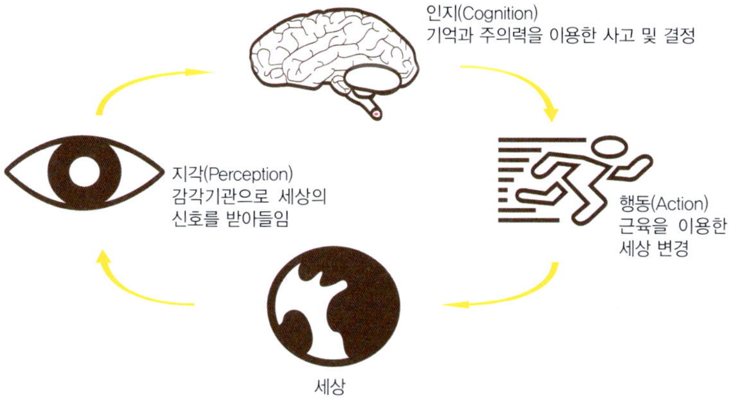

A. 감각기관으로 세상의 신호를 받아들여 현실을 지각하는 과정

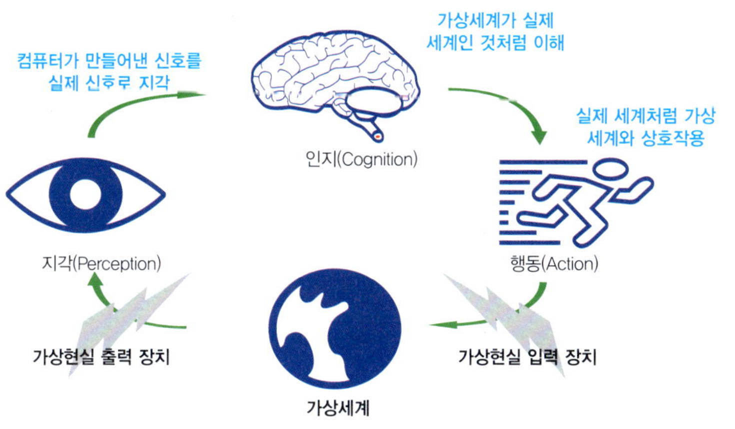

B. 가상현실 입·출력 장치의 위치: 인간의 지각과 행동을 차단하고 속여서 가상세계를 실제인 듯 착각하게 만듦

게 구현되어야 할까?

그림 B는 가상현실 입·출력 장치가 감각기관을 구현한 모습이다. 우리는 외부세계와 연결된 부분, 즉 지각 부분과 행동 부분을 소위 말해서 해킹하게 된다. 외부세계와 지각 사이에 가상현실 출력 장치를, 그리고 외부세계와 인간의 행동 사이에 가상현실 입력 장치를, 마지막으로 이 가상현실 입·출력 장치를 컴퓨터가 시뮬레이션하는 가상세계의 결과를 이용해 제어하도록 하자. 그러면 사람은 컴퓨터가 만든 가상의 신호를 실제 신호인 것처럼 지각하고, 이를 실제인 것처럼 이해하며, 실제 세계처럼 가상세계와 상호작용하게 된다.

이런 인간 입·출력 신호 해킹은 당연히 쉽게 되는 것이 아니다. 가상현실 출력 장치가 마치 실제 현실인 것처럼 사실과 거의 비슷하게 동작하는 물리 신호를 만들어내야 하며(출력 장치의 충실도[Fidelity] 및 출력 시뮬레이션의 정확도), 가상현실 입력 장치는 자기가 실제 현실인 양 사람의 행동을 받아줘야 한다(입력 장치의 정확도). 또한 가상세계는 자기가 실제 현실인 것처럼 사용자의 행동에 반응해줘야(시뮬레이션의 정확도) 한다. 당연히 이 모든 것은 그림에서 알 수 있듯이 인간의 '지각' 부분, 인간의 '인지' 부분, 인간의 '행동' 부분에 대한 이해 없이는 구현할 수 없다. 초실감 메타버스와 가상현실을 구현하는 데 인간 자체에 대한 이해가 무엇보다 우선되어야 하는 이유다.

본격적으로 인간의 촉감 인지 과정에 대해서 알아보자. 먼저 촉각(Tactile) 정보의 인지에 대해 살펴보도록 하겠다. 우리 피부에는 크게 3종류의 촉각 인지 수용체가 있다. 물리적인 에너지에 반응하는 기계수용체(Mechanoreceptor), 열 에너지에 반응하는 온도수용체(Thermoreceptor), 통증수용체(Nociceptor)가 그것이다. 이 중 통증수용체는 일반적인 가상현실 시나리오에서 재현하기 힘든 감각이므로 제외하겠다. 가상현실 촉각 출력 장치는 물리 에너지와 온도 에너지를 발생시켜 기계수용체와 온도수용체, 이 두 수용체를 반응시키는 역할을 한다.

외부에서 특정 자극이 피부에 닿으면 피부 속 수용체 중 이 자극 신호에 반응하는 수용체가 활성화(Activation)된다. 활성화된 수용체는 자기와 연결된 신경섬유(Afferent Nerve Fiber)에 아주 소량의 전류 신호인 활동전위(Action Potential)를 만들어낸다(Fire). 여기서 활동전위란 생물체의 세포나 조직이 활동할 때 일어나는 전압의 변화를 의미한다. 이 전류는 시냅스로 이루어진 감각신경을 따라 척수(Spiral Cord)를 통해 뇌에서 촉감을 담당하는 체성감각피질(Somatosensory Cortex)로 전달

피부에서 뇌까지의 촉각 신호 전달 체계

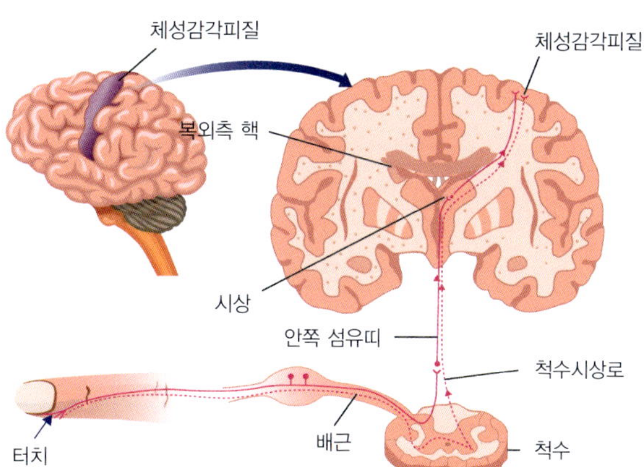

© E. B. Goldstein, Sensation and Perception, 7th ed., Thomson Wadsworth, 2007 참조

된다. 그러면 비로소 우리는 이 촉감 신호를 자각하게 된다.

촉각 인지수용체 중 기계수용체에 대해서 좀 더 알아보자. 기계수용체 내에서도 크게 4가지 종류의 기계수용체가 존재한다고 알려져 있다. 메르켈(Merkel) 소체, 마이스너(Meissner) 소체, 파치니(Pacinian) 소체, 루피니(Ruffini) 소체가 그것이다. 이 4가지 소체는 각각 담당하는 물리적 자극이 다르고 반응의 특징도 다르다. 따라서 보통 촉각 장치를 만들 때 이 4가지 소체 중 어떤 소체를 자극하는 신호를 만들어낼지를 미리 결정하고, 그 특징에 맞는 신호를 만들어내는 작업이 선행된다.

각각의 특징을 살펴보면, 먼저 메르켈 소체와 루피니 소체는 모서리(Edge), 꾹 누르기, 피부 밀림 등 정적인 압력에 반응한다. 이로 인해 이 소체들은 느린 감각적응(Slow Sensory Adaptation) 특징을 가지고 있어

기계수용체의 종류

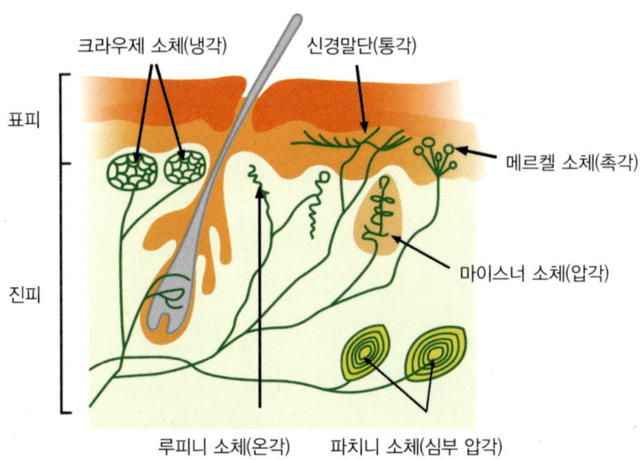

© http://www.seehint.com 참조

4가지 기계수용체의 특징				
수용체	메르켈 소체	루피니 소체	마이스너 소체	파치니 소체
반응하는 자극	에지, 꾹 누르기	피부 밀림, 꾹 누르기	속도, 에지	진동

서 자극이 있으면 반응하고, 자극이 없어져야 반응을 중단하는 센서들이다. 여기서 '감각적응'이란 일정한 자극을 유지하기 위해 감각계의 반응성이 시간에 따라 변화하는 현상을 말한다. 반면, 마이스너와 파치니 소체는 움직임, 진동 등의 고주파, 적극적인 자극에 반응한다. 고주파에 민감해지기 위해서 이 소체들은 자극이 변화할 때만 반응하는 빠른 감각적응(Fast Sensory Adaptation)을 보이는 것이 특징이다. 즉 자극이 생길 때 한 번, 없어질 때 한 번 반응한다. 따라서 진동같이 반응이 빠르게 계속 변화하는 신호에 능동적으로 반응하게 된다. 이러한 특성이 잘 활용되어야 적은 에너지로도 인지적으로 좀 더 큰 자극을 만드는 등의 피드백 효율성을 높일 수 있다.

온도 또한 중요한 햅틱 감각인데, 피부에서 열을 인지하는 수용체를 온도수용체라고 한다. 두 종류의 신경섬유(Fiber)로 이루어져 있는데, 온도가 올라갈수록 더 자주 활동전위를 만들어내는 열감 섬유(Warmth Fiber)와 온도가 떨어지면 더 많이 반응하는 냉감 섬유(Cold Fiber)가 그것이다. 인간은 물체를 만질 때 이 온도수용체를 통해 물체의 열 전도성을 잘 인지할 수 있고, 이를 활용하여 물체가 어떤 재료로 만들어진 것인지를 알아낸다.

다음으로, 사람은 근감각을 어떻게 인지할까? 앞에서 말한 것과 같이 자신의 움직임을 느끼고, 미는 힘을 인지하는 것은 인체 내부의 관절 부위에서 수행된다. 좀 더 구체적으로 말하면 관절에 직접 부착되어 있거나, 관절에 연결된 근육과 힘줄(Tendon) 내에 부착된 기계수용체가 이를 감지한다고 보면 된다. 예를 들어, 인간의 관절에는 피부의 기계수용체와 비슷한 루피니 수용체와 파치니 수용체가 있어서 관절이 직접 받는 움직임이나 진동을 감지한다. 그리고 관절에 부착된 근육에는 근방추(Muscle Spindles)라는 기관이 있어서 근육이 얼마나 수축 혹은 이완되었는지를 인지한다. 또한 근육과 관절 사이의 힘줄 중에 골지힘줄기관이라는 기관이 있는데, 이 기관에는 얼마만큼의 힘이

역감 수용기

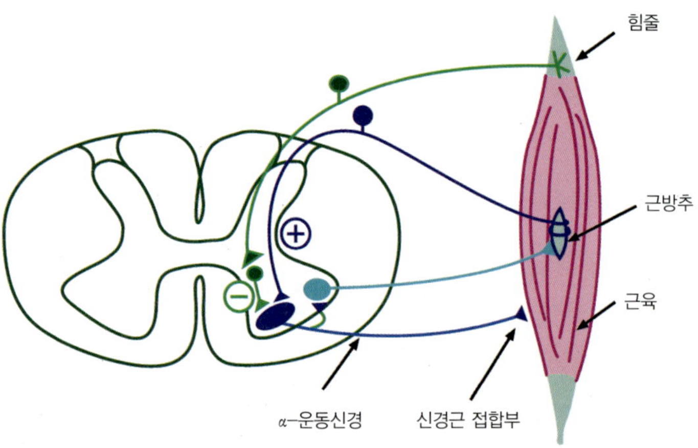

© Dressler, Dirk, Saberi, FereshteAdib, & Barbosa, EgbertoReis(2005). Botulinum toxin: mechanisms of action, Arquivosde Neuro-Psiquiatria, 63(1), 180-185 참조

사람의 신체 부위에 따른 공간 해상도 차이

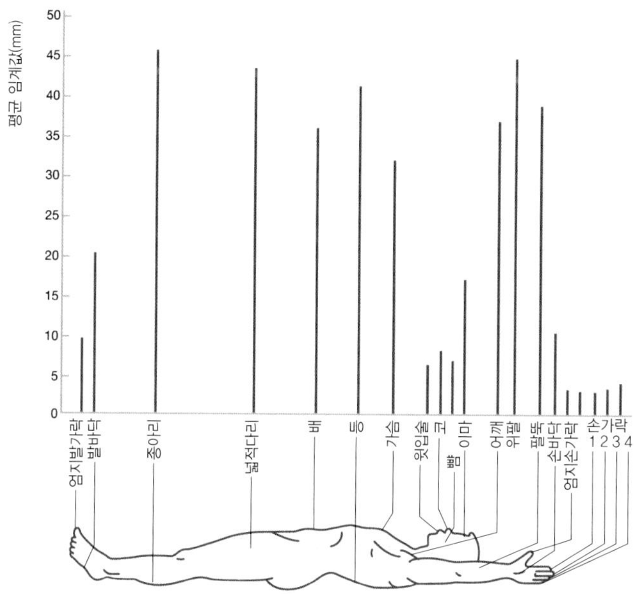

© Weinstein, S.(1968), Intensive and extensive aspects of tactile sensitivity as a function of body part, sex and laterality, In The Skin Senses, D.R, Kenshalo, ed.(Thomas, Springfield, Illinois), pp. 195–218 참조

해당 근육에 공급되었는지를 인지하는 수용체가 있다. 이러한 모든 수용체에서 오는 정보를 종합하여 각 관절이 지금 어느 각도로 굽혀져 있는지, 그리고 어느 정도의 힘 혹은 토크(Torque)[*]를 받고 있는지를 인지하게 된다. 최종적으로는 이를 근거로 현재 자신의 움직임과 외부 힘을 알아차리게 된다.

* 물체에 작용하여 물체를 회전시키는 원인이 되는 물리량.

촉감을 설명할 때 또 하나의 중요한 특징 중 하나는 신체 부위에 따라서 사람의 촉감 인지성능(민감도/위치해상도/시간해상도)이 달라진다는 것이다. 예를 들어, 위의 그림은 피부 위 가까운 두 지점을 동시에 뾰족한 침으로 찌를 때, 이 둘이 얼마나 가까워야 하나의 자극으로 느끼는지를 측정한 자료다.

근감각과 촉각 외에도 때에 따라 햅틱 감각으로 포함되는 감각이 평형감각이다. 중이 속의 전정기관(Vestibular Organ)에서 몸의 회전운동, 가속도, 기울어짐 등, 온몸에 작용하는 중력과 관성에 관련된 물리 자극을 인지하는 감각이다. 탈것을 타고 갈 때 많이 느껴지는 감각으로, 메타버스 내에서 사실성을 위해 중요하게 제공되어야 하는 감각 중 하나다.

3) 촉감을 연구하는 분야 '햅틱스'

지금까지 이야기한 촉감 인지를 기반으로 가상의 촉감을 만들어내는 기술을 연구하는 분야가 있다. 바로 햅틱스(Haptics)라는 연구 분야다. 햅틱(Haptic)이라는 단어가 형용사로 '촉각의'라는 의미가 있다면, 여기에 s가 붙으면서 '촉감 관련 연구를 수행하는 연구 분야'라는 의미가 된다.

최근 들어 햅틱스와 관련된 연구가 폭발적으로 증가하고 있다. 이는 앞에서 말한 것과 같이 시각적인 것뿐만이 아니라 '우리가 만지는 것들에 촉감이 없다면 가상현실은 반쪽짜리'라는 사실을 사람들이 인지하기 시작한 결과라고 보인다.

우선 연구 분야인 햅틱스에 대해 설명하기 위해 햅틱 시스템이라고 불리는 전형적인 시스템을 먼저 살펴보겠다. 다음 그림을 살펴보면 사용자가 HMD를 쓰고 가상의 공간에서 무언가를 보고 있다. 이와 동시에, 앞에 보이는 기계 장치인 햅틱 장치를 잡고 가상의 물체를 만지고 있다. 이 햅틱 장치가 햅틱스 기술의 중요한 한 축이다. 사용자가 이 장치를 잡고 가상의 환경에서 가상 물체를 만지게 되면, 시스템은 먼저 사용자의 손이 가상 물체의 표면을 만지고 있는지 아닌지 검사하게 된다. 만약 만지고 있다면, 시스템은 이 기계 장치를 사용해서 사용자의 손을 밀어내는 소위 '포스 피드백'을 만들어낸다. 사용자가 이 포스 피드백으로 인해 '아, 내가 이 앞의 물체를 만지고 있구나'라고 인지하면서 촉감이 발생하는 것이다.

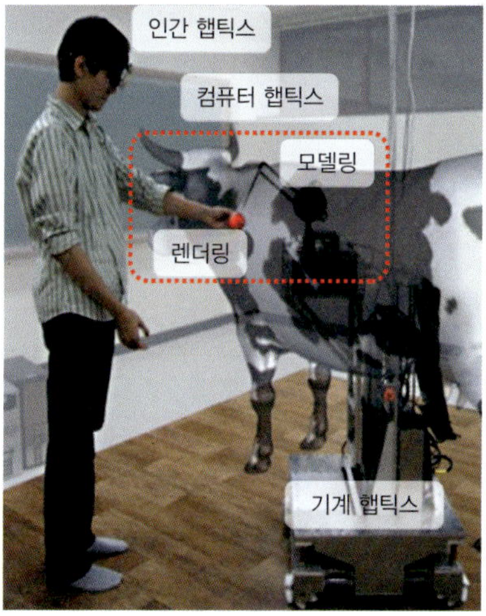

햅틱 시스템 © Lee, I. Hwang, K. Han, O. K. Choi, S. Choi and J. S. Lee, "System improvements in Mobile Haptic Interface," World Haptics 2009–Third Joint EuroHaptics conference and Symposium on Haptic Interfaces for Virtual Environment and Teleoperator Systems, 2009, pp. 109–114, doi: 10.1109/WHC.2009.4810834

그러면 이런 햅틱 피드백을 가능하게 하는 기술적 요소에는 무엇이 있을까? 햅틱 시스템을 구성하는 핵심 부분은 크게 3가지의 모듈로 나뉜다. 첫 번째, 뭐니 뭐니 해도 가장 중요한 부분이 이런 햅틱 장치, 즉 앞에서 언급한 물리적인 촉감 신호를 직접 만들어낼 수 있는 햅틱 장치를 만드는 기술이 될 것이다. 이러한 햅틱 장치를 만드는 기술을 통틀어서 우리는 기계 햅틱스(Machine Haptics)라고 부른다. 기계 장치 설계, 제어가 필요한 부분이라 주로 기계과, 전자과에서 이 부분을 담당한다. 특히 햅틱 장치에는 로보틱스의 핵심 기술들이 많이 차용되고 있어서, 햅틱스에는 로보틱스 연구자들이 많이 활동하고 있다.

두 번째 모듈은 컴퓨터 햅틱스(Computer Haptics)로, 물리 시뮬레이션을 통해 사실적인 촉감 신호를 계산하는 부분이다. 햅틱 렌더링이라고도 불리는 이 기술은 초실감 메타버스에서도 아주 중요한 모듈로, 사용자의 움직임과 만지는 물체의 성질에 따라 촉감 신호를 실제와 같이 만들어내는 기술이다. 다시 말해 가상 물체를 만질 때 단순 반발력이 아니라 실제 피부, 실제 돌덩이, 실제 유리를 만지는 것과 같은 느낌이 실감나게 재현되는 데 필수적인 부분이다. 컴퓨터 내부적으로 이런 촉감 신호들을 실시간 시뮬레이션을 통해서 계산해내고, 이를 기반으로 햅틱 장치를 제어한다면 사실적인 촉감이 비로소 만들어진다.

마지막 분야가 인간 햅틱스(Human Haptics)다. 촉감은 시각이나 청각과는 달리, 사람의 움직임과 밀접하게 연결되어 있다. 우리가 일상에서 느끼는 대부분의 촉감은 우리가 팔 다리 등의 근육을 사용해서 신체 부위를 움직임으로써 발생한다. 따라서 촉감은 단순히 외부 정보를 받아들이는 것이 아니라 내가 능동적으로 움직이면서 움직임과 연

인간과 햅틱 시스템의 연결

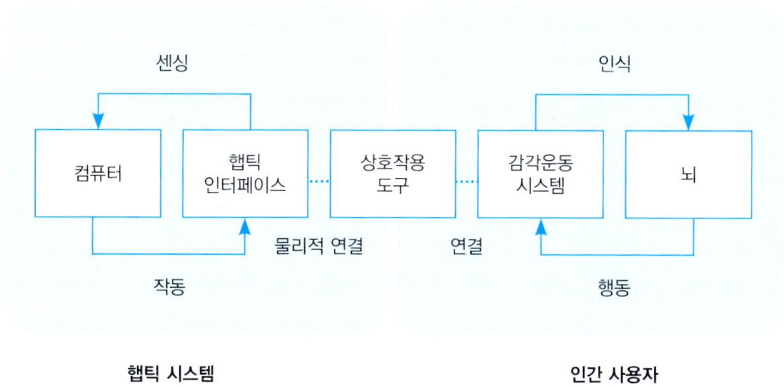

결된 정보를 받아들이는 특성이 있다. 그렇기에 사람의 촉감 인지를 사진, 녹음된 음악 등과 같이 객관화하여 표현하기가 힘들다. 위의 그림은 이러한 햅틱 시스템의 특징을 나타낸 것이다. 햅틱 시스템은 사람의 움직임을 센싱하고 이를 바탕으로 피드백을 만들어낸다. 사람 또한 외부 자극을 센싱하고 이를 바탕으로 움직임을 만들어낸다. 이 둘은 보통 햅틱 장치라는 툴로 물리적으로 연결된다. 따라서 햅틱 시스템을 잘 만들기 위해서는 햅틱 시스템과 연결된 사람의 감각운동 특징을 잘 알아야 한다. 다른 말로 표현하면, 모든 햅틱 시스템을 만들 때 이 햅틱 시스템이 인지적으로 디자이너가 원하는 촉감을 만들어내는지에 대한 인지적인 고려가 필요하고, 정확하게 그와 같이 만들어졌는지에 대한 인지 테스트가 필요하다. 이를 연구하는 분야가 인간 햅틱스다. 햅틱스를 구성하는 3가지 연구 영역에 대해서 구체적으로 살펴보자.

4) 촉감 장치 기술, 기계 햅틱스

가상현실과 메타버스에서 촉감을 만들어내기 위해서 가장 중요한 부분은 촉감 인지를 일으킬 수 있는 물리 신호를 만들어내는 기계 장치다. 이러한 촉감 제공 장치(Haptic Interface)의 특징에 대해 더 알아보자.

앞 장에서 언급한 것과 같이, 사람의 촉감 인지 특징(온몸에 걸쳐 있는 수용기, 상대적으로 큰 물리적인 에너지의 필요성, 신체 부위별로 다른 민감도 등) 때문에 다양한 목적으로 사용할 수 있는 보편적인(Universal) 햅틱 장치를 만들기가 쉽지 않다. 온몸에 다양한 형태의 촉감을 모두 제공하는 햅틱 장치가 가장 이상적이고 보편적인 햅틱 장치라고 할 수 있지만, 사용성 및 기술적인 한계로 인해서 개발이 불가능하거나, 만들어도 전혀 실용적이지 않은 경우가 대부분이다. 그 대신 대부분의 상용 혹은 연구실 프로토타입 형태의 촉감 제공 장치는 인지적으로 가장 민감한 부위인 손에 대한 역감 혹은 촉각 피드백만을 제공하는 형태로 만들어

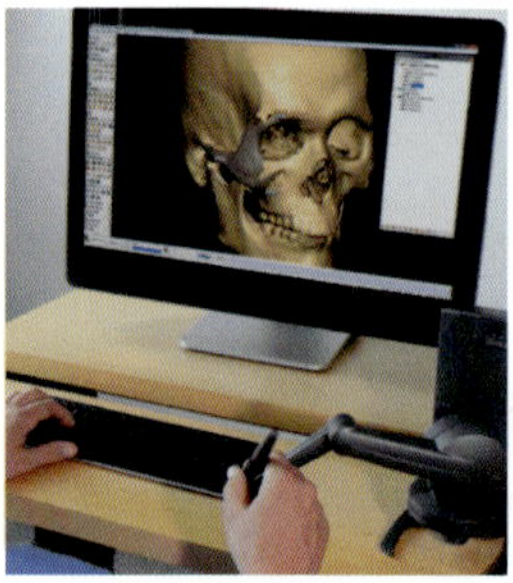

3D Systems의 TouchX
© 3D Systems

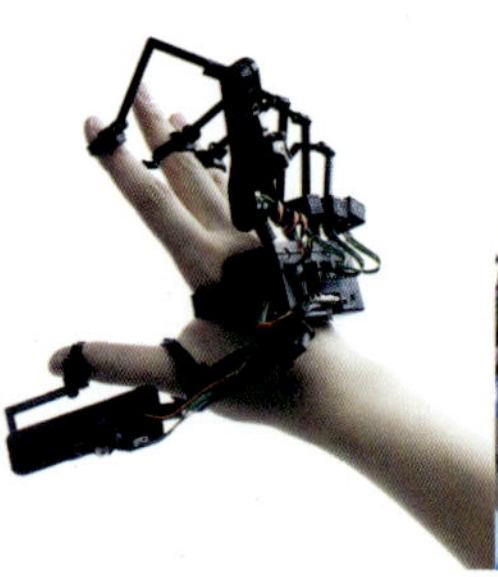

Dexta Robotics의 Dexmo F2
© Dexta Robotics

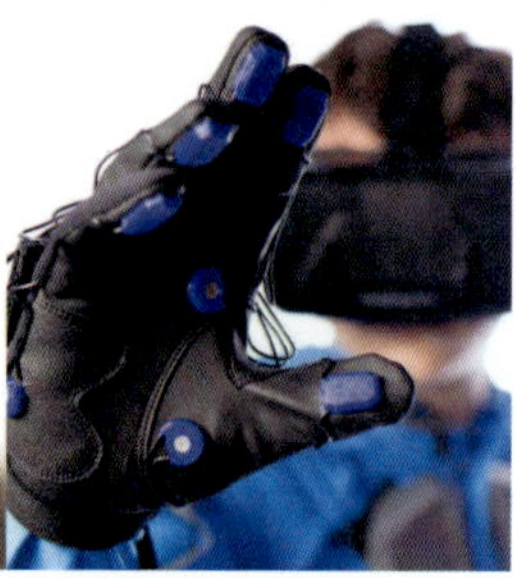

장갑형 진동 피드백 장치
© https://virtualrealitypop.com

져 손으로 상호작용하는 데 가장 많이 사용된다(위의 그림 참조).

햅틱 장치는 일반적으로 해당 앱의 특성, 사용 목적, 햅틱 피드백과 요구 조건 등이 결정된 후에 이에 맞는 햅틱 장치를 새롭게 고안하거나 기존의 제품 중 이 목적에 부합하는 장치를 선정하여 사용하는 방향으로 개발이 진행된다. 따라서 개발자가 자신의 메타버스 환경에 촉감을 추가할 경우 그에 맞는 햅틱 장치를 정확히 선택할 수 있도록 도와줄 햅틱 장치 분류법과 이에 대한 가이드라인이 필요하다. 이를 위해 이 책에서는 다음 표와 같은 햅틱 장치 분류법을 만들어두었다. 햅틱과 관련된 감각은 근감각과 피부 촉각 2가지인데 여기에 평형감각이 더해진 총 3가지 감각에 대해서, 각 감각에서 사용하는 촉감의 종

촉감 전달 장치의 분류

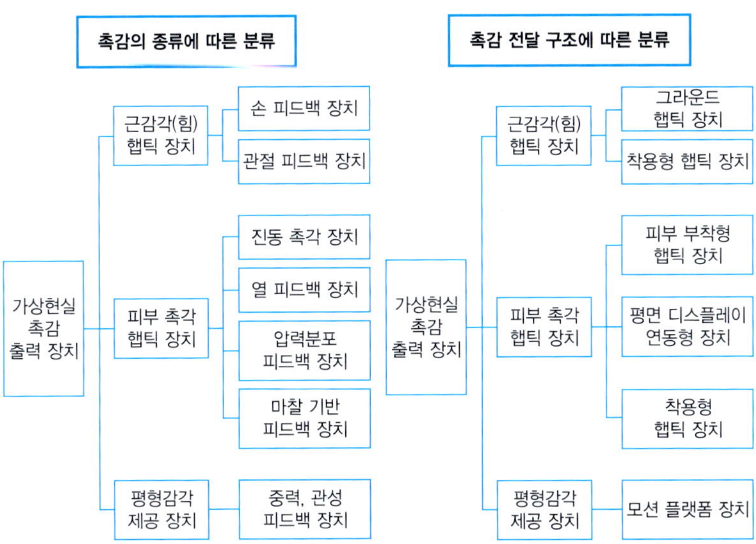

류(물리 신호의 종류)에 따라 햅틱 장치를 분류할 수 있다. 또한 촉감과 관련된 에너지의 전달 구조에 따라 햅틱 장치를 분류할 수 있다.

먼저 촉감의 종류에 따른 분류에서, 근감각 햅틱 장치는 손에 힘 피드백을 주는 손 피드백 장치와 관절에 피드백을 주는 관절 피드백 장치로 나눌 수 있다. 피부 촉각 햅틱 장치는 관여하는 물리 신호에 따라서 진동, 열, 압력분포, 마찰 등 물리 신호의 종류에 따른 촉각 출력 장치가 존재한다. 평형감각은 주로 중력, 관성 등의 물리 신호를 제공하는 형태의 장치다.

촉감 전달 구조에 따른 분류를 살펴보면, 근감각 햅틱 장치는 땅에 붙어 있는 형태의 그라운드 햅틱 장치와 몸에 장착하는 형태인 착용형 햅틱 장치가 있다. 그라운드 햅틱 장치는 움직이지 않는 땅을 잡고 밀어주는 형태로 힘을 발생시키기 때문에 사용자를 기준으로 100% 외부의 독립적인 힘을 사용자에게 전달할 수 있다. 반면, 착용형 햅틱 장치는 몸의 두 지점 사이의 상대적인 힘밖에 발생시킬 수 없다는 단점이 있다. 피부를 자극하는 촉각 햅틱 장치도 피부에 부착하는 방법, 몸 특정 부위에 착용하는 방법, 다른 기계 장치(주로 시각 디스플레이)에 부착하여 손과 접촉할 때만 촉감 피드백을 만들어내는 방법 등이 존재한다.

근감각 제공 장치

위의 분류법을 따라서 첫 번째로 그라운드 근감각 햅틱 장치를 먼저 살펴보자. 다음 그림은 대표적인 그라운드 근감각 햅틱 장치들이다. 이들 햅틱 장치 대부분이 로봇 팔처럼 생겼다. 사용자는 로봇 팔의

그라운드 근감각 햅틱 장치의 종류

Haption Virtuose 6D 35-45

Sensable PHANTOM Desktop

Force Dimension Omega.3

Butterfly Haptic Maglev 200th System

Quanser 3-DOF Planar Pantograph

Moog HapticMaster

© Dangxiao WANG, Yuan GUO, Shiyi LIU, Yuru ZHANG, Weiliang XU, Jing XIAO, Haptic Display for Virtual Reality: Progress and Challenges, Virtual Reality & Intelligent Hardware, Volume 1, Issue 2, 2019, Pages 136-162

끝을 손으로 잡고 여기서 나오는 반발력을 느끼게 된다. 로봇 팔 구조는 가장 효과적이고 효율적으로 힘을 만들어내는 구조이고, 대부분의 기반 기술들이 기계 분야의 로보틱스 기술에서 파생되었다. 사람이 내는 힘만큼의 반발력을 만들어내기 때문에 크기가 커지는 단점이 있다.

그러면 간략하게 근감각 햅틱 피드백 장치의 원리에 대해서 알아보자. 가상 외과수술 시뮬레이터를 예로 들어 설명하겠다. 다음 사진을 살펴보면 사용자는 몰입형 시각 디스플레이로 가상의 신체 부위를 보고 있으며, 뼈에 대한 물리적인 치료를 위해 가상의 드릴 도구를 잡

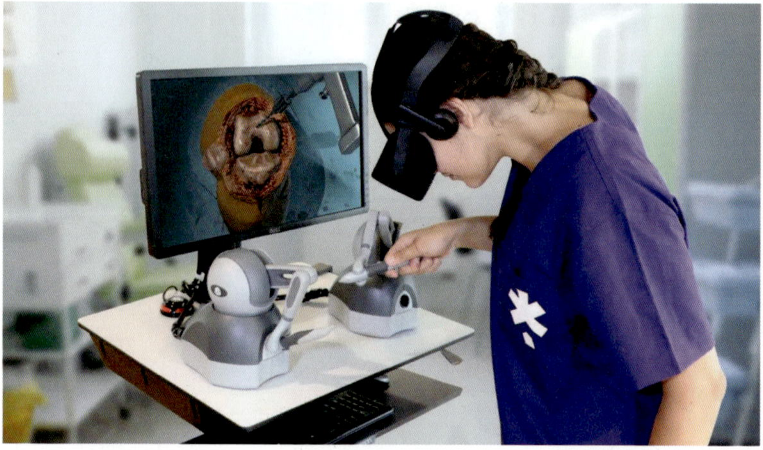

근감각 햅틱 장치 피드백의 예 © https://www.theverge.com

고 있다. 하지만 실제 환경에서 사용자는 햅틱 장치의 핸들 부위를 잡고 있고, 사용자가 이 핸들을 잡고 움직이면 가상환경의 드릴도 같이 따라서 움직이게 된다. 가상의 드릴이 가상의 뼈에 닿을 때 실제 뼈를 만지는 것과 같은 가상 촉감을 만들어내는 것이 목표다. 이를 위해 햅틱 시스템은 가상의 뼈가 가지고 있는 촉감 속성들(경도, 마찰, 질감 등)과 사용자의 움직임 정보를 바탕으로 가상 물리 시뮬레이션을 수행하게 되고, 최종적으로 사용자가 느껴야 하는 물리 햅틱 신호(힘, 가속도 등)를 바로 계산해주게 된다.

이렇게 계산된 물리 신호를 통해 햅틱 장치를 제어하게 되고, 최종적으로 사용자는 손으로 잡은 햅틱 장치를 통해서 그럴듯한 반발력을 느끼게 된다. 이러한 반발력을 받은 사용자는 '내가 뭔가를 만지고 있구나' 하는 느낌을 받게 된다. 여기서 알 수 있듯이 자연스럽고 사실

힘 기반 햅틱 장치의 자유도와 각 자유도를 가지는 장치의 예

1 자유도(1축 회전 토크 피드백만 가능) Thrustmaster T150 PRO 포스 피드백 레이싱 휠 © Thrustmaster

2 자유도(2축 회전 토크 피드백 가능) 로지텍 FORCE 3D PRO © Logiteck

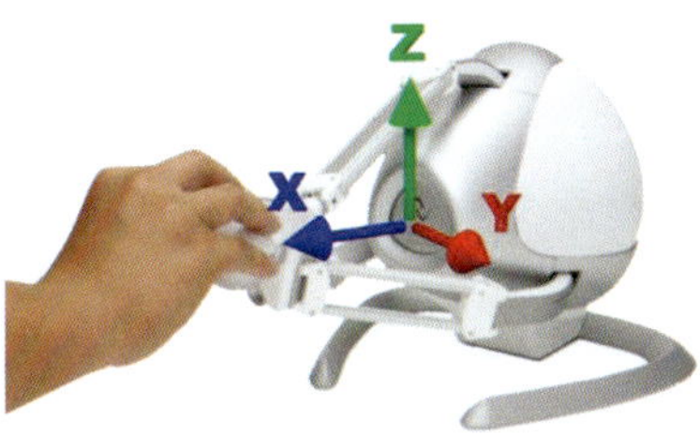

3 자유도(세 방향 힘 피드백 가능) 팰컨 햅틱 장치 © Novint

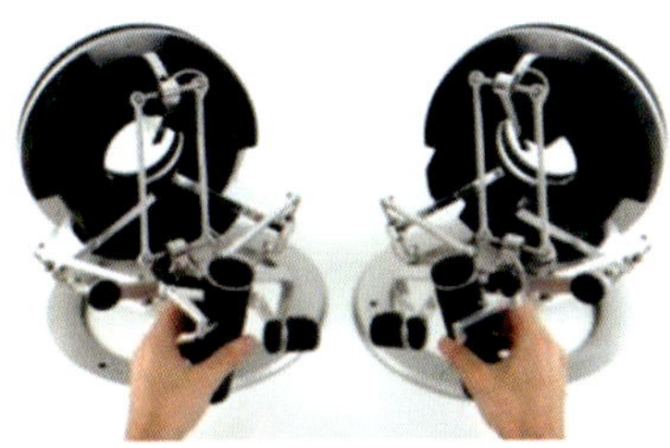

6 자유도(세 방향 힘, 3축 토크 피드백 가능) 오메가 6 햅틱 장치 © Omega 6

적인 피드백을 위해서는 햅틱 장치도 중요하지만 사실적인 시뮬레이션을 해주는 소프트웨어도 중요한 역할을 함을 알 수 있다. 이것을 햅틱 렌더링이라고 하는데, 이에 대해서는 뒤에 다시 설명하겠다.

햅틱 장치에 필요한 중요 스펙 중 하나가 자유도다. 기계장치에서 자유도란 내가 몇 가지 방향으로 움직일 수 있는가를 뜻하는데, 햅틱 장치의 자유도란 내가 몇 가지 방향으로 힘을 낼 수 있는가를 의미한다. 위의 그림에서 '1 자유도'의 햅틱 장치로 포스 피드백 레이싱 휠을 예로 들었는데, 이 장치는 한 방향의 도는 힘, 즉 토크만을 제공하여 '1 자유도 피드백 장치'가 된다. '2 자유도'는 2차원, 즉 두 방향의 피드백이, '3 자유도'는 세 방향의 3차원 피드백이 가능한 장치다. '6 자유도'의 햅틱 장치도 존재하는데, 세 방향으로 힘을 내는 것과 동시에 각 축을 중심으로 돌아가는 힘, 즉 세 가지 방향의 토크 피드백까지 가능한 햅틱 장치다. '6 자유도'의 햅틱 장치를 사용하면 드라이버를 조이는 등 돌아가는 힘에 대한 피드백을 주는 것도 가능해진다.

범용 햅틱 장치 중에서 가장 유명한 팬텀 햅틱 장치를 뜯어서 자세히 살펴보자. 아래 그림에서 오른쪽이 팬텀 햅틱 장치이고, 왼쪽이 이 장치의 구조를 단순화해서 그린 그림이다.

팬텀 햅틱 장치는 3 자유도 피드백을 만들어낼 수 있다. 그래서 세 가지 방향으로 힘을 발생시키기 위한 모터 3개가 있는 것을 볼 수

힘 기반 햅틱 장치 팬텀 프리미엄

© V. Hayward and K. E. Maclean, "Do it yourself haptics: part I," in IEEE Robotics & Automation Magazine, Vol. 14, No. 4, pp. 88–104, Dec. 2007

햅틱 장치로 가상 물체의 촉감을 느끼게 되기까지의 과정

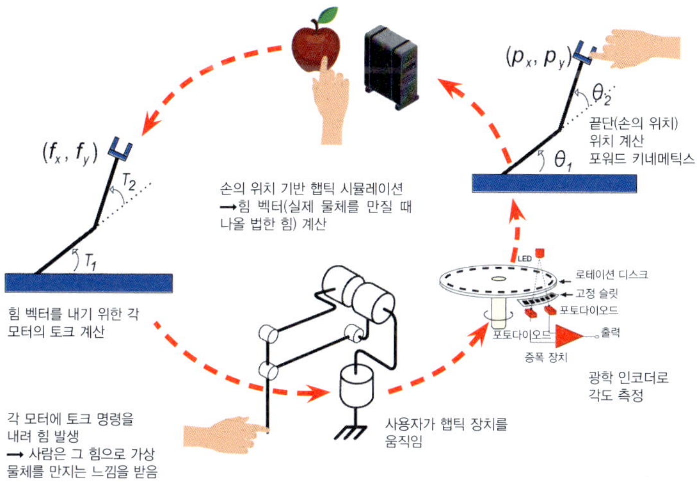

있다. 각 모터가 1 자유도씩 담당하는 것이다. 그러면 햅틱 장치가 어떻게 동작하는지 좀 더 자세히 알아보자.

위 그림에서 가장 아랫부분인 '사용자가 햅틱 장치를 움직임' 부분부터 상호작용의 시작이다. 사용자가 햅틱 장치를 손으로 잡고 시각적으로 바로 자신 앞에 있는 가상 물체를 만지면, 햅틱 장치는 각 조인트에 달린 광학 인코더로 각 조인트가 얼마만큼 돌아가는지를 측정하게 된다. 조인트의 각도를 알면 우리는 삼각함수 계산을 통해서 현재 사용자의 손 끝단이 좌표계상에서 어디에 있는지 계산할 수 있다. 이것을 포워드 키네메틱스(Forward Kinematics, 정기구학)라고 한다. 햅틱 시스템의 내부 햅틱 렌더링 알고리즘은 이 손의 위치를 기반으로 햅틱 시뮬레이션을 수행하고, 최종적으로 햅틱 장치가 만들어내야 할 힘 벡터를 계산하게 된다. 그러면 왼쪽에서 보는 것처럼 계산된 힘 벡터를 기반으로 햅틱 장치가 해당 힘을 내기 위해 장치의 각 모터가 최종적으로 얼마만큼의 토크를 내야 하는지가 계산되고, 최종적으로 각 모터에 토크 명령을 내려서 해당 힘을 발생시킨다. 사용자는 최종적으로 위와 같이 실시간으로 계산되는 힘을 통해 마치 실제 물체를 만지는 듯한 힘을 느끼게 된다.

위의 팬텀 장치가 땅에 놓인 형태의 햅틱 장치(Grounded Force Feed-

외골격 형태의 착용형 역감 장치

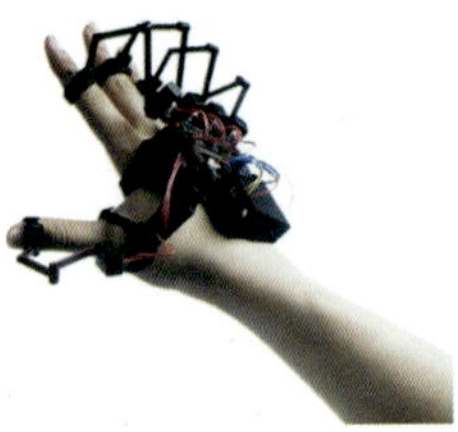

Dexta Robotics의 Dexmo F2
© Dexta Robotics

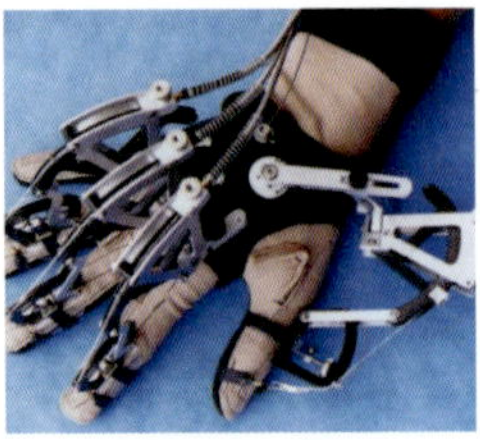

CyberForce(Virtual Tech.)
© CyberForce

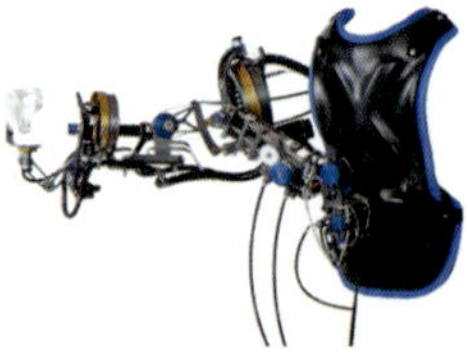

X-Arm 2(European Space Agency)
© European Space Agency

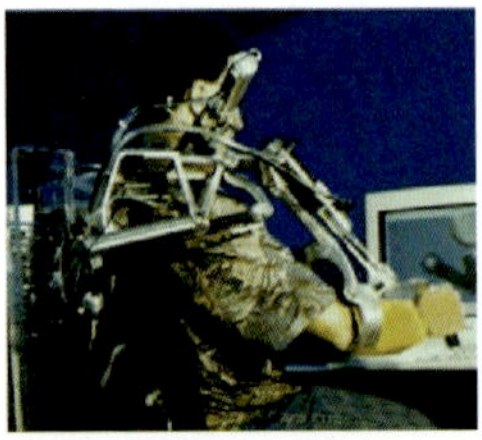

PERCRO Human Interface (Scuola Superiore S. Anna)
© Scuola Superiore Sant'Anna

UTAH/Sarcos Research Arm © UTAH

Haptic Exoskeleton Suit(AxonVR) © AxonVR

back Interface)라면, 사용자의 신체에 부착하는 형태로 근감각을 제공하는 장치도 존재한다. 보통 몸에 부착하는 근감각 햅틱 장치는 외골격(Exoskeleton) 햅틱 장치라고 이야기한다. 신체 부위 사이에 기계장치를 부착해 신체 부위 사이를 당기거나 밀어내면서 각 신체 부위 사이의 상대적인 힘을 발생시키는 장치다. 연구용뿐만이 아니라 군사용으로도 많이 사용되고 있는 기술이다. 군인이 내는 힘을 증강시킬 수도 있는 구조이기 때문이다.

착용형 햅틱 장치는 나를 항상 따라다니기 때문에 사용자가 특정 위치에 있지 않아도 위치와 관계없이 안정적인 피드백을 제공할 수 있는 장점이 있지만, 위 그림에서도 볼 수 있듯이 크기가 큰 것이 단점이다. 신체의 관절에 힘을 발생시켜야 하므로 어쩔 수 없이 이런 크고 복잡한 구조를 가질 수밖에 없다. 또한 누군가가 나를 미는 듯한 느낌처럼 사용자 외부에서 단독으로 가해지는 힘을 제공할 수 없다는 단점이 있다.

피부 촉각 제공 장치

피부에서 받아들이는 진동, 압력, 열 등의 촉감은 근감각에 비해 상대적으로 작은 에너지의 물리 신호로도 피부를 자극할 수 있어서, 근감각 햅틱 장치보다 상대적으로 작게 만들 수 있다. 작게 만들 수 있다 보니 사람의 손뿐만이 아니라 다른 신체 부위를 위한 햅틱 장치들이 많이 존재한다. 이처럼 신체 부위의 다양한 민감도에 대처하기 위해서는 사람의 인지능력에 대한 고려가 무엇보다 중요함을 알 수 있다. 그럼 본격적으로 피부 자극 촉각 장치에는 어떤 것들이 있는지 알

피부 촉각 제공 장치의 분류

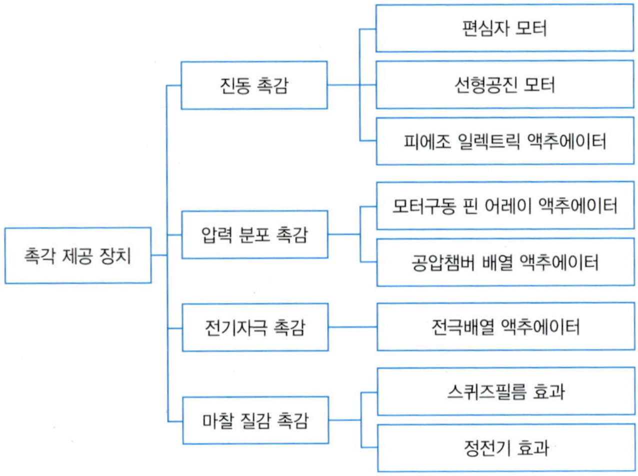

아보자.

현재 존재하는 촉각 제공 장치는 크게 네 종류의 촉각을 제공한다고 보면 무리가 없다. 가장 흔한 형태의 촉각 피드백은 진동 촉감이다. 우리가 사용하는 핸드폰에서 자주 느낄 수 있는 감각이다. 이 진동 촉감을 제공하는 방법은 크게 편심자 모터, 선형공진 모터, 피에조 일렉트릭 액추에이터 세 가지가 있는데, 이에 대해서는 뒤에 살펴보기로 하자.

두 번째로 피부를 다양한 형태와 모양으로 꾹 누르는 압력 분포 촉감도 연구자들이 굉장히 많이 연구하고 있는 분야다. 그 원리에 따라서 크게 모터구동 핀 어레이 액추에이터, 공압챔버 배열 액추에이터 두 종류로 나뉜다.

세 번째는 전기자극 촉감이다. 보통 어딘가가 삐끗해서 물리 치료를 받으러 가면 병원에서 피부에 전기자극을 주는데, 이와 비슷한 원리라고 보면 된다. 이 전기자극이 사실은 피부 내 혹은 근육 내부의 기계수용체를 직접 자극할 수 있는데, 이를 통해서 촉감이 만들어진다.

마지막으로 마찰 촉감을 만들어내는 마찰 질감 촉감 장치가 있는데, 이 장치는 주로 터치스크린과 결합해 스크린 위에 마찰력을 자유자재로 변경시켜 줄 수 있는 기술이다.

각 장치의 종류에 따라 이 촉감들이 어떻게 만들어지는지 좀 더 자세히 알아보자. 첫 번째로 진동부터 살펴보도록 하겠다. 진동은 아주 작지만 빠른 움직임을 만들어내는 소형 액추에이터들을 사용해서 진동감을 만들어낸다. 이 액추에이터의 원리도 다양한데, 가장 간단한 형태가 편심자 모터다. 일반적으로 작은 모터에 무게중심이 한쪽으로 치우쳐 있는 편심자를 달아서 돌리면 무게중심이 움직이면서 진동이 발생하는데, 이를 활용한 것이 편심자 모터다. 손쉽게 큰 진동을 만들어낼 수 있는 장점이 있지만, 진동의 주파수와 강도를 따로 제어할 수

LG 옵티머스 L7 II의 진동 모터 © 위키백과

대표적인 진동자 3가지

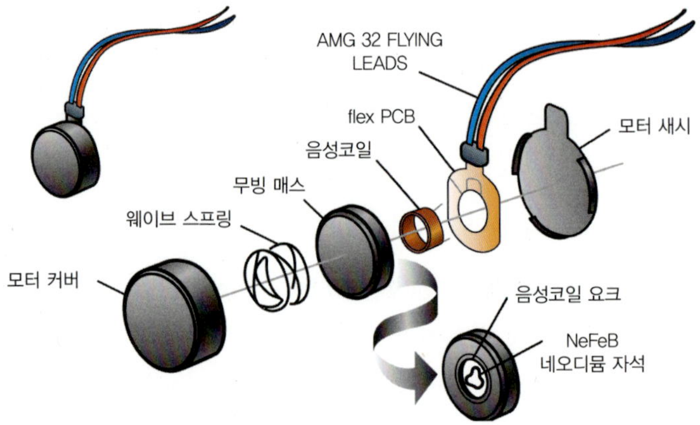

선형공진 모터의 구조 © Texas Instrument

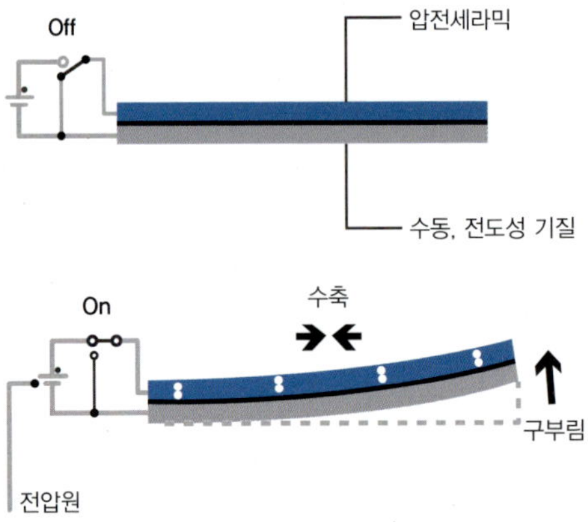

피에조 일렉트릭 액추에이터의 원리
© https://www.festo.com

편심자 모터 © JPR Electronics Ltd.

없고, 신호가 실제 진동으로 이어지기까지 시간이 걸린다는 단점이 있다. 초창기 핸드폰에서 진동을 만들어내기 위해 많이 사용했으나, 지금은 이와 같은 단점으로 핸드폰에는 거의 사용되지 않는다.

반면, 요즘 스마트폰에는 선형공진 모터가 들어간다. 기본적으로 스피커가 동작하는 원리와 비슷하다. 자석 주위에 코일을 감고, 코일에 전류를 흘리면 전자기 유도원리에 따라 자석이 앞뒤로 움직이면서 진동을 만들어낸다. 입력 파형이 그대로 진동 파형으로 만들어지므로 진동의 주파수와 진폭을 독립적으로 제어할 수 있다는 장점이 있다. 따라서 다양한 진동 효과를 만들어낼 수 있다.

마지막 방법이 피에조 일렉트릭 물질을 사용한 방식인데, 피에조 물질의 특이한 성질인 내부에 흐르는 전압에 따라 자기 스스로가 수축·이완하는 특징을 활용하여 진동을 만들어낸다. 위 그림처럼 레이어 구조를 만들어주면 전압에 따라서 피에조 세라믹이 앞뒤로 왔다 갔다 움직이게 되고, 끝단에 미세하지만 빠른 진동 움직임을 만들어내게 된다. 간단한 구조의 큰 진동을 만들어낼 수 있다는 장점이 있지만, 전압이 높아야 해서 아직은 휴대기기에 많이 사용되지는 않는다.

그렇다면 압력 분포 촉감을 만들어내는 장치들로는 어떤 것들이 있을까?

다음 그림 A에서 볼 수 있는 것처럼, 보통은 손가락 끝에 핀 배열처럼 생긴 구조물로 모양을 만들어 피부를 누르는 구조로 구현된다. 핀 배열의 높이 차이에 따라서 임의의 표면 모양을 만들어낼 수 있다. 이 표면 모양이 피부, 특히 손가락 끝을 누르게 만들어 사람이 이를 느낄 수 있게 만드는 것이다.

압력 분포 피드백 장치들

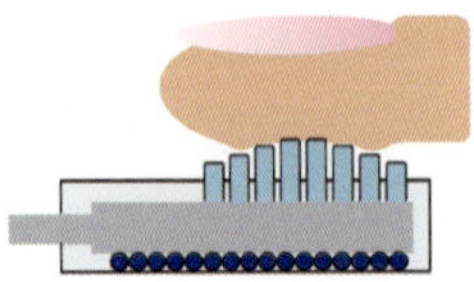

A. 핀 어레이 액추에이터 구조

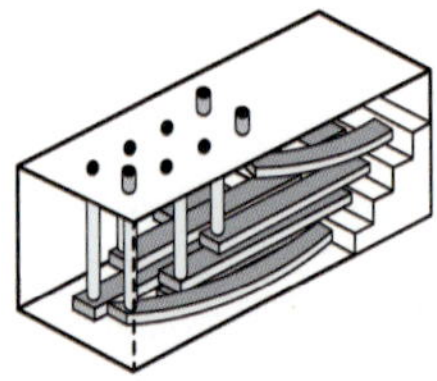

B. OPTACON: 점자 디스플레이

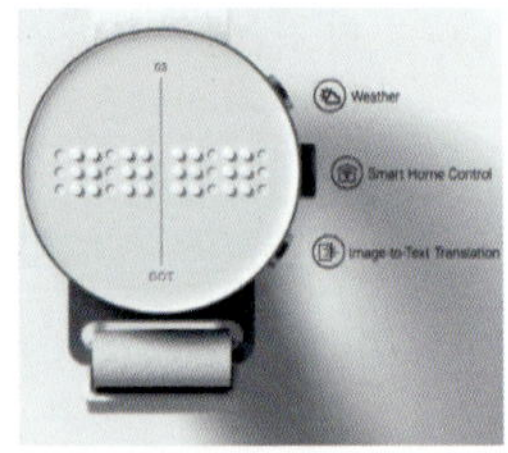

C. "DOT" 점자 시계
© http://dotwatchshop.com

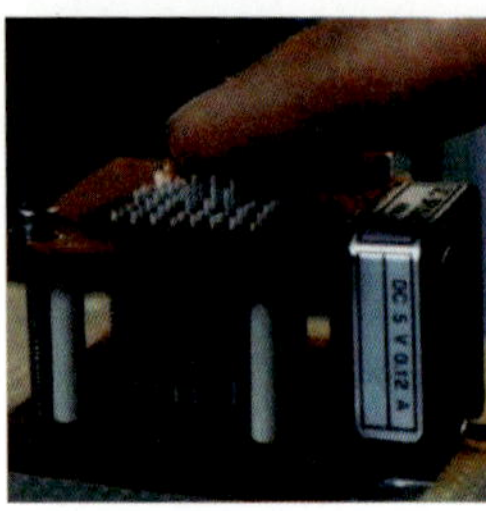

D. 점자 디스플레이
© FZI Karlsruhe, Fisher's group

E. KAT 텍타일 마우스
© Texture Display Mouse: Vibrotactile Pattern and Roughness Display, IEEE/ASME Transaction on Mechatronics, Vol. 12(3), 2007

F. VR Shape 디스플레이
© Abtahi et al., "Visuo-Haptic Illusions for Improving the Perceived Performance of Shape Displays," ACM CHI, 2018

마지막으로 최근 관심도가 높아지고 있는 마찰 질감 촉감 기반 장치들도 소개해보고자 한다. 터치스크린 위에 촉감을 구현할 수 있는 획기적인 기술로, '서피스 햅틱(Surface Haptics)' 기술이라고도 불린다. 원리는 2가지이다. 오른쪽 그림 A처럼 손과 스크린 사이에 전압 차를 줘서 정전기를 만들면 손과 스크린 사이의 마찰력이 높아지는데, 이를 잘 제어하면 울퉁불퉁한 표면을 만지는 듯한 질감을 줄 수 있다. 예

마찰 기반 서피스 햅틱스 기술

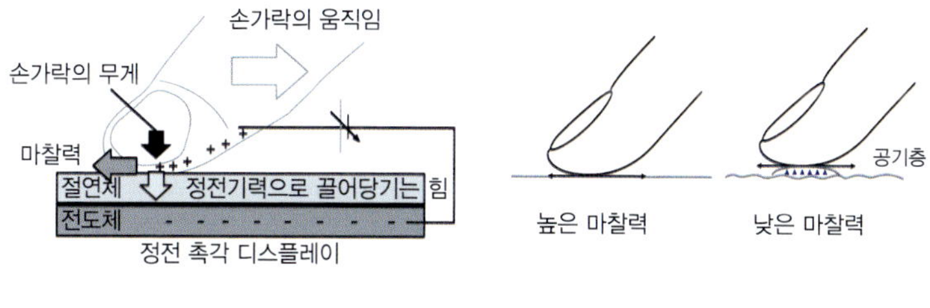

A. 정전기 기반 마찰 질감의 원리 **B. 스퀴즈 필름 효과 기반 마찰 질감의 원리**

© Kalantari et al, "Determining the Haptic Feedback Position for Optimizing the Targeting Performance on Ultrasonic Tactile Displays," IEEE Haptics Symposium, 2018

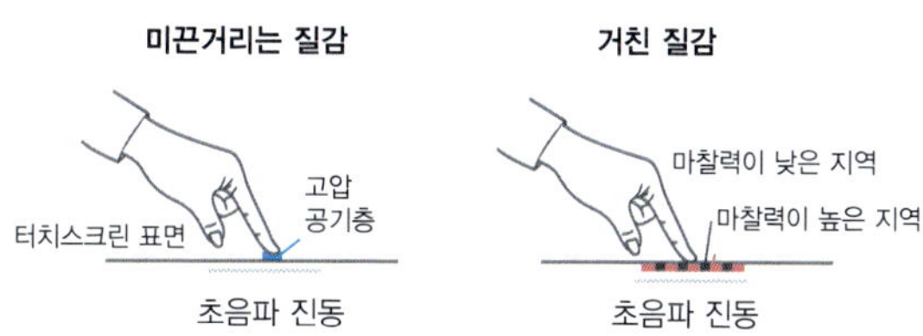

C. 질감 콘텐츠와 연결

를 들어, 그림 B처럼 사람 손의 움직임에 따라서 정전기를 켰다 껐다를 반복하면 까칠까칠한 질감 느낌을 만들어낼 수 있다. 그림 C처럼 정전기 대신에 초고주파에 진동으로도 마찰을 제어할 수 있다. 스크린을 높은 고주파로 떨리게 하면 손가락과 스크린 사이에 작은 공기층이 발생하게 되고, 공기층은 손가락과 스크린 사이에 마찰력을 낮춰준다. 이러한 진동 제어를 통해서 마찰력을 제어할 수 있다. 서피스 햅틱 기술은 최근 들어 부상하는 기술로, 기술 발전이 굉장히 빨라 5년 안에 상용 제품에 탑재될 가능성이 굉장히 큰 기술이다.

현재 사용되고 있는 다양한 햅틱 장치들

지금까지 역감, 촉감 기술에 관해 알아보았다. 그렇다면 지금까지 상용화된 햅틱 장치에는 어떤 것들이 있는지 살펴보자.

최근 가상현실 기반 게임 시장이 커지면서 햅틱 장치도 게임용 주변 기기로 많은 주목을 받고 있다. 눈에 띄는 제품들 몇 가지를 살펴보자. 다음 그림 A는 HaptX VR 글러브이다. 이 글러브 내부에 아주 작은 공기주머니들이 있는데, 이 공기주머니를 부풀려서 손의 압력 피드백을 만들어낼 수 있다. 손가락을 잡아당길 수 있는 외골격 힘 피드백 장치도 탑재되어 있어서 한 장치로 다양한 촉감을 제공할 수 있다. 그림 B의 장치는 테슬라 슈트 전신 햅틱 장치다. 옷 내부에 전기자극을 줄 수 있는 전기자극 액추에이터와 열을 발생시킬 수 있는 열 엑셀 액추에이터들이 전신에 배치되어 있어서, 1인칭 슈팅 게임 등을 할 때 나의 복부에 총알이 박히는 느낌 같은 실재감을 제공해줄 수 있다. 우리나라에서도 비슷한 제품이 출시되었는데(그림 C), B햅틱스사(Bhaptics)에서 만든 택슈트(Tact Suit)라는 장비다. 수트 내부에 편심자 진동 액추에이터들이 달려 있어서 상체에 다양한 진동 피드백을 줄 수 있다.

햅틱이 가미된 게임 컨트롤러도 출시되었는데, 그림 D인 택티컬 햅틱스사의 리액티브 그립 게임 컨트롤러가 대표적인 예다. 기존 게임 컨트롤러 혹은 VR 컨트롤러들은 진동 피드백 기능이 다 있었지만, 진동으로 만들어낼 수 있는 햅틱 기술에는 한계가 있었다. 반면 이 기기에는 진동 외에 '쉬어 포스(Shear Force)', 즉 사용자의 손바닥을 옆으로 미는 느낌을 주는 햅틱 장치가 있다. 예를 들어 칼을 잡고 적군을 베려고 할 때 서로 다른 방향으로 미는 느낌을 주게 되면 칼의 저항을 느끼

게임용 촉각 장치

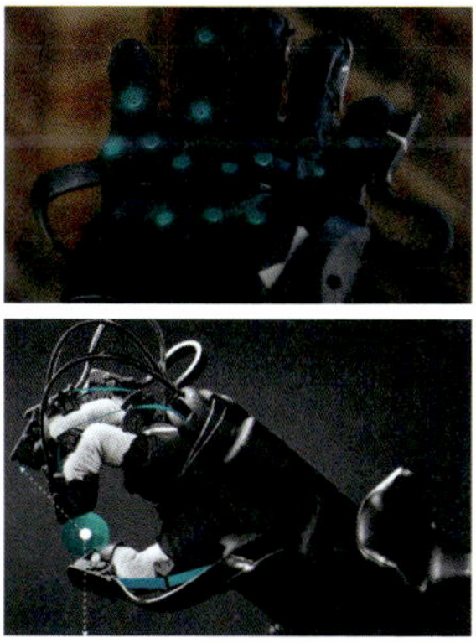

A. HaptX VR 글러브(공압 기반 압력 제공 액추에이터+외골격 힘 장치) © 오큘러스, HaptX

B. 테슬라 슈트 전신 햅틱 장치(전기자극 액추에이터+열 액추에이터) © Teslasuit

C. B햅틱스사의 택슈트(모듈형 편심자 진동 액추에이터) © Bhaptics

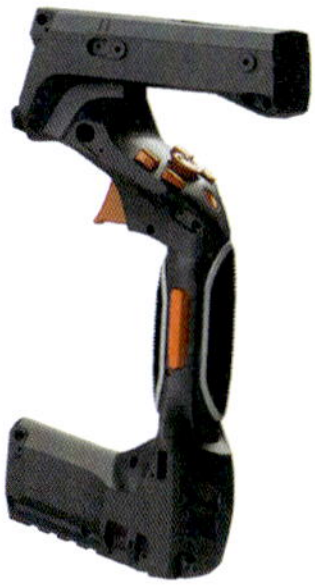

D. 택티컬 햅틱스사의 Reactive Grip 햅틱 게임 컨트롤러(Sheer 압력 피드백) © Tactical Haptics

는 기분이 들게 하는 효과가 있다.

글러브 형태의 상용 햅틱 장치도 많이 나오고 있다. 우리 몸에서 가장 민감한 피부가 손인 만큼 이 손끝을 커버할 수 있는 촉감 장치들이 많은 연구자와 회사들의 타깃이 되고 있다. 아래 그림처럼 대부분 장갑 형태 혹은 손가락에 끼우는 형태로 나와 있다.

햅틱을 제공하는 또 다른 방법의 하나로 패시브 햅틱스(Passive Haptics)라는 개념이 있다. 가상의 환경과 비슷한 실제 구조물을 만들어서 사용자가 시각적으로는 가상환경을 보지만, 촉각적으로는 이 구조물을 만지게 됨으로써 촉감을 만들어내는 기술이다. 구조물 자체를 만

글러브 형태로 나온 상용 햅틱 장치들

VRGluv(VRGluv)
촉감 제공방법: 압력, 진동, 온도
© VRGluv

Prime Ⅱ Haptic(Manus)
촉감 제공방법: 진동
© Manus

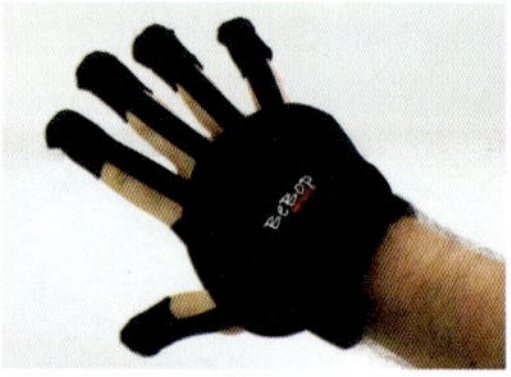

Forte Data Glove(BeBop)
촉감 제공방법: 진동
© BeBop

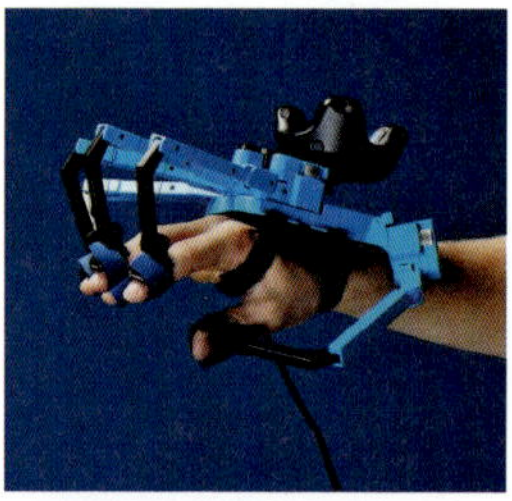

Nova(SenseGlove)
촉감 제공방법: 힘 피드백
© SenseGlove

SensorialXR(NeuroDigital)
촉감 제공방법: 진동
© NeuroDigital

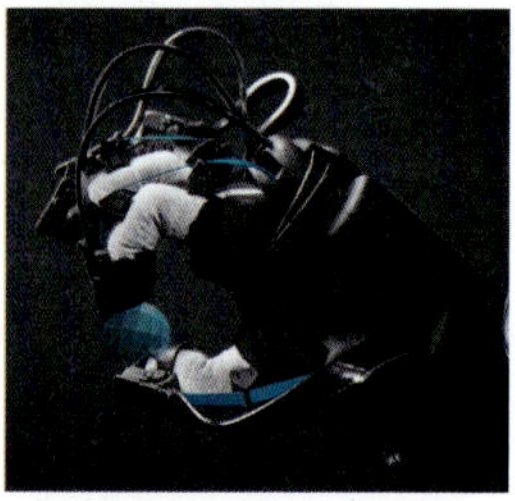

HaptX(HaptX)
촉감 제공방법: 압력, 진동
© HaptX

패시브 햅틱스의 예

Walking Experiment © UNC–Chapel Hill

The Void 게임 룸 © The Void

지기 때문에 피드백이 굉장히 사실적이지만, 시각과 위치가 정확하게 일치해야 하고, 하나의 시스템으로 하나의 피드백만 만들어낼 수 있다는 단점이 있다. 대규모 메타버스 게임 룸 등에 활용되는 기술이다.

평형 감각을 제공하는 모션플랫폼 장치들

파일럿 훈련 플랫폼 © 보잉 트레이닝 센터, Gatwick

CXC사의 Motion Pro II 드라이빙 시뮬레이터
© CXC

콩VR사의 VR 룸 플랫폼 © 콩VR

Pro Ski Fit 360 스키 시뮬레이터
© Proskisimulator

평형감각 제공 장치

마지막으로 언급하고 싶은 햅틱 기술은 모션플랫폼 기술이다. 왼쪽 사진에서 볼 수 있는 것처럼 자동차, 보트, 비행기, 스키 같은 탈것을 타고 가면서 받게 되는 여러 가지 피드백과 실제 탈것의 움직임을 모방해서 가상으로 만들어주는 기계 장치라고 보면 된다. 이런 장치들은 우리가 피부나 근육으로 느끼는 햅틱 피드백뿐만 아니라 귀 속의 전정기관을 통해 느끼는 가속도 감각, 균형 감각 등을 제공하는 장치라고 볼 수 있다. 흔히 대형 쇼핑몰 등에 있는 가상현실 체험관에 설치된 것들도 이러한 장치의 일종이다. 체험해본 사람은 알겠지만, 시나리오, 시각 자극 등과 잘 결합하면 극도의 현장감을 제공해줄 수 있는 장치다. 게임용으로는 자동차 드라이빙 시뮬레이터의 형태로 많은 회사에서 제품을 출시하고 있다.

5) 촉감 렌더링 기술, 컴퓨터 햅틱스

일반적인 햅틱 시스템은 추구하는 바가 다양하다. 가상현실을 위한 햅틱스처럼 촉감의 사실성을 중시하는 시스템이 있는가 하면, 핸드폰의 진동처럼 오로지 정보 전달을 목적으로 하는 시스템도 있다. 사실성이 필요 없는 후자의 햅틱 시스템도 햅틱 기술을 적용한 중요한 사례로, 실제로 전자보다 더 많이 연구되고 실제 제품에 적용되는 기술이지만, 초실감 메타버스를 다루는 이 책의 주제에서 벗어나므로 뒤에서 간략하게 설명하겠다. 초실감 촉감을 만들어내는 햅틱 시스템에서 가장 중

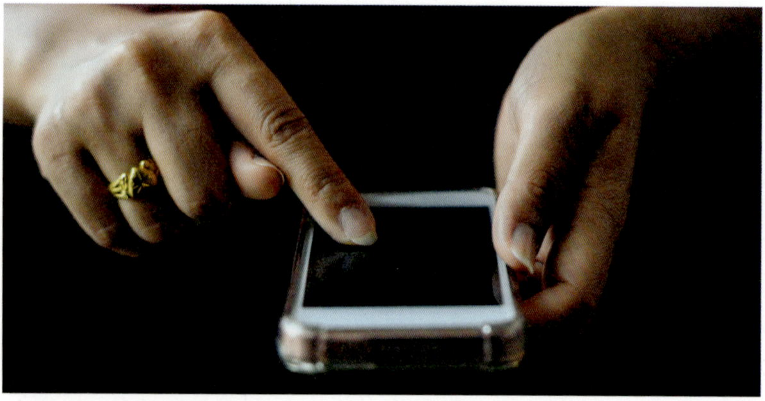

핸드폰의 진동도 햅틱 기술을 적용한 중요한 사례다.

요한 핵심 기술 중 하나가 바로 햅틱 렌더링 기술이다.

그렇다면 사실적인 촉감이란 어떤 것일까? 시각에 빗대어보자. 보통 그림이 사실적이거나 게임 속의 컴퓨터 그래픽이 사실적이라고 얘기하는 것은 그것들이 우리가 일상에서 보는 실제 사물과 구별하기 힘들 정도로 비슷하다는 의미다. 촉감의 사실성도 비슷하게 설명될 수 있다. 우리가 일상적으로 물체를 만질 때 느끼는 촉감이 그대로 재현되면 그것을 사실적인 촉감이라고 표현할 수 있다. 실제 촉감과 그것을 그대로 가상으로 만든 촉감의 구별이 불가능할 정도가 되면 초실감이라고 말할 수 있을 것이다. 좀 더 광의의 의미로는 우리가 일상생활에서 실제 물체와 상호작용하면서 쌓아놓은 '햅틱 경험'이 있을 때, 특정 가상 물체와의 상호작용에서 발생하는 햅틱 경험이 내가 기억하는 실제 해당 물체와의 경험과 일치한다면, 이것을 초실감 경험이라고 얘기할 수 있다.

햅틱 속성에서부터 햅틱 경험까지의 과정

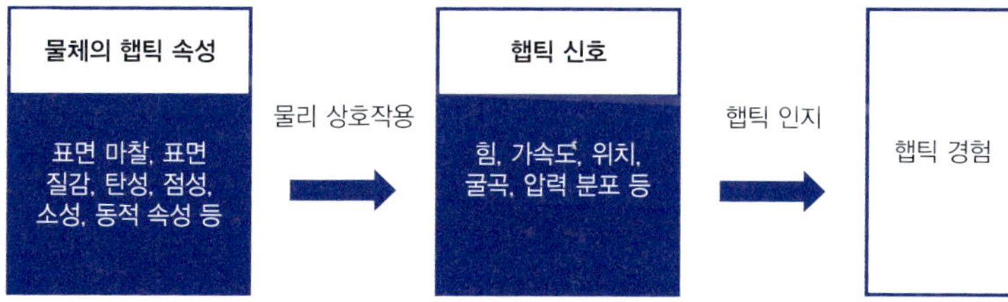

우리는 실제 물체를 만질 때 촉감과 관련된 여러 물리 신호를 인지하며 햅틱 경험을 쌓는다. 물리 신호를 예로 들면 움직임, 반발력, 열, 가속도 등이 있고, 이들을 피부나 관절로 인지하는 것이 햅틱 경험이다. 햅틱 경험은 이러한 물리 신호를 통해서 구체화되는 것이다. 사실적인 가상 촉감으로 다시 돌아가서, 촉감의 사실성은 이러한 물리 신호를 얼마나 실제처럼 재현할 수 있는지에 달려 있다.

그러면 이러한 물리 신호들은 어떤 이유로 발생하는 것일까? 모든 물체는 물리 법칙을 따라 외부의 힘에 반응한다. 물리 법칙 중 촉감과 관계된 법칙들을 모아서 햅틱 속성이라고 부르자. 햅틱 속성은 매우 다양한데, 대표적으로는 물체의 탄성, 점성, 소성, 표면 마찰, 표면 질감, 동적 속성(관성) 등이 있다. 이러한 속성들이 물체를 만질 때 발생하는 햅틱 신호들을 결정하고, 이 신호들이 다시 사람의 최종 햅틱 경험을 결정한다.

따라서 햅틱 렌더링의 궁극적인 목적은 가상의 물체들에 대해서 위의 물리 속성들을 잘 정의하고, 이 속성들이 실세계의 물리 법칙을 따르도록 잘 시뮬레이션해서, 시뮬레이션 결과 실세계 법칙에 따르는 그럴듯한 햅틱 신호를 실시간으로 계산해내는 것이다. 이렇게 계산된 물리 신호 햅틱 장치를 통해 촉감이 실제로 만들어지고, 최종적으로 사용자에게 전달된다.

여기서 중요하면서 까다로운 부분은 앞에서 언급한 햅틱 속성 시뮬레이션이 실시간으로 이루어져야 한다는 것이다. 실제 햅틱 속성 대부분은 외부의 물리 신호에 반응하여 햅틱 신호를 뱉어내는 물리 법칙으로, 사용자의 움직임이라는 인풋에 따라 그때그때 계산되어야 한다. 실세계에서는 내가 물체를 누르면 지연 없이 바로 물체에서 반발력이 나오지만, 가상세계에서는 시뮬레이션 계산 지연 때문에 나의 움직임과 가상 물체의 반응 사이에 약간의 지연이 발생할 수 있다. 너무 많이 지연되면 사람이 이상하게 느끼기 시작할 것이므로, 모든 햅틱 시스템은 사용자의 움직임과 반응 사이에 지연되는 시간을 사람이 느끼지 못하는 수준까지 낮추는 것이 핵심 목표가 된다.

사람의 움직임과 가상 물체의 반응 사이에 지연이 발생하는 것에 대한 인지적인 허용치는 사람마다 다르긴 하지만 대략 10~20ms라는 실험 결과가 나왔다. 진동같이 빠르게 변하는 햅틱 신호에서는 이 수치가 더 작아진다는 연구 결과도 있다. 이 말은, 사용자가 움직이면 이 움직임을 센싱하고, 이를 기반으로 햅틱 속성 시뮬레이션을 수행해서 최종적으로 햅틱 신호를 발생시키는 데 10~20ms 이상 걸리면 안 된다는 것을 의미한다. 햅틱 렌더링 알고리즘은 스피드가 생명이기 때문이다.

햅틱 인지의 또 다른 특징은 햅틱 신호의 업데이트가 빨라야 한다는 점이다. 일반적으로 시각 렌더링에서 1초에 60번 정도만 사진을 바꿔치기해 주면 사람은 그 사진을 부드럽게 움직이는 동영상으로 인지한다. 이는 시각의 높은 위치 해상도(Spatial Resolution)에 비해서 상대적으로 시간 해상도(Temporal Resolution)가 낮은 데 기인한다. 한편 햅틱은 그 반대다. 위치 해상도(다른 부위를 찔렀을 때 위치를 구별하는 능력)는 낮지만, 시간 해상도(빠르게 연속적으로 찔렀을 때 이 둘을 구별하는 능력)는 상대적으로 높다. 피부가 고주파 진동에 잘 반응하는 것도 이 때문이다. 우리 피부는 거의 최대 500Hz(1초에 500번 진동)의 진동도 캐치하는데, 이는 피부의 촉감 인지 시간 해상도가 500×2Hz(Nyquist 이론에 의해) 이상이라는 것을 의미한다. 인간이 인지하는 고주파 영역을 모두 커버할 수 있는 렌더링 알고리즘이라면 1초에 최소 1,000번 이상의 신호 갱신이 필요하다는 이야기다. 다시 말해 1ms 내에 모든 계산이 이루어져야 하고, 시각 렌더링보다 거의 20배 빠르게 업데이트되어야 한다는 뜻이다. 렌더링의 효율성이 아주 중요해지는 대목이다.

앞에서 이야기한 여러 햅틱 속성들에 대해서 1ms 이내로 결과를 낼 수 있는 시뮬레이션 알고리즘이 필요하다는 것은 이해했으리라 생각된다. 햅틱 속성 얘기로 다시 돌아가보자. 그러면 구체적으로 어떤 햅틱 속성에 대한 시뮬레이션이 중요할까? 다음 그림은 사람이 일반적으로 물체를 만질 때 햅틱적으로 얻는 정보와 이를 얻기 위해 취하는 행동들(Exploratory Procedure)을 관찰한 기존 연구 결과다. 물체 표면의 질감 정보(까칠함, 미끈함 등)를 얻기 위해 표면을 문지르고, 경도 정보(탄성, 점성, 소성 관련)는 누르면서 얻는다. 동적 속성(관성, 무게 등)은 물체를 듦으로써 얻고, 물체의 모양은 물체를 감싸 쥐거나 물체의 외관을 따라가면서 얻는다. 온도도 물체 재질 등을 판단하기 위한 중요한 정보다.

햅틱 렌더링 알고리즘이라면 위에서 언급한 정보들을 주로 제공하려고 노력한다. 물체의 모양, 표면 성질(질감, 마찰력), 내부 성질(경도, 점성, 소성 등), 동적 성질(질량으로 인한 관성과 무게)이 그것으로, 대부분의 햅틱 시스템은 위 속성 중 1개 혹은 2개를 지원하는 경우가 많다. 각 속성에 대한 독립적인 혹은 통합된 시뮬레이션 알고리즘이 필요하다는 이야기다.

온도 속성은 디스플레이 장치를 만드는 것이 꽤 까다로워서 특별한 햅틱 시스템에서만 다룬다. 펠티어 소자 등 온도를 출력할 수 있는 장치가 있긴 하지만 냉각을 위한 장치를 따로 달아야 하는 등 실용성

인간이 물체를 촉감적으로 인지하는 방법들(탐색 절차, Exploratory Procedures)

은 떨어진다. 그러므로 약간 부수적인 속성이라고 보면 될 것 같다. 여하튼, 사실적인 촉감 시스템이 되려면 다수의 속성을 동시에 제공하는 것이 바람직하다.

메타버스 내에서 치과 충치 치료 교육을 하는 실감 콘텐츠를 만든다고 가정해보자. 치과 과정을 배우는 학생이 가상의 치아와 상호작용하면서 훈련을 수행한다. 훈련이 제대로 이루어지려면 학생이 치과 툴을 가지고 치아를 검사할 때 치아 표면의 울퉁불퉁함이 제대로 렌더링되어야 한다. 이때 치아의 경도도 중요한 정보이며, 치아의 외형 모양도 중요하다. 실감 콘텐츠로 훈련의 효과를 높이려면 이렇게 최소한 3가지 이상의 속성에 대한 정확한 시뮬레이션이 필요하다.

그러면 이런 속성들이 어떻게 제공되는지 살펴보도록 하자.

햅틱 렌더링 시스템의 전체 구조

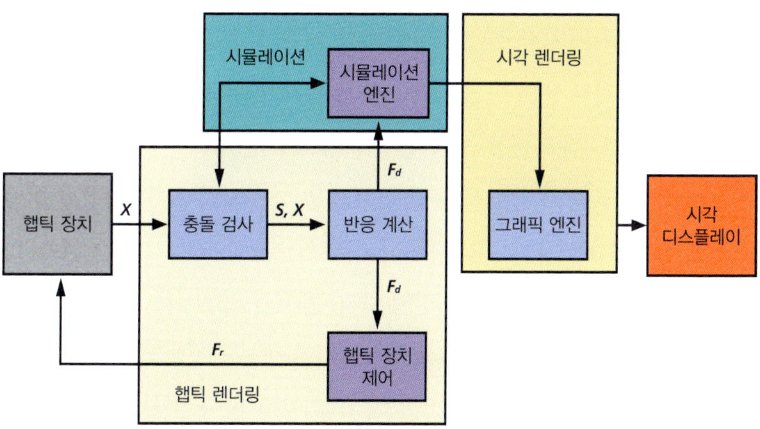

힘 기반 햅틱 렌더링이 일어나는 전체 과정을 도식화한 위의 그림을 통해 햅틱 렌더링을 설명해보겠다. 가장 왼쪽에 햅틱 장치가 있다. 사용자는 햅틱 장치를 잡고 가상의 물체를 보면서 장치를 사용해 가상 물체와 상호작용하기 시작한다. 햅틱 장치는 기본적으로 로봇 팔 끝단을 계속 위치 추적할 수 있다. 위치 추적 결과를 X라고 하면, 햅틱 렌더링 시스템은 가장 처음 이 X와 가상 물체 위치 정보를 기반으로 사람의 손이 가상 물체를 만지고 있는지 아닌지를 판단한다. 이를 '충돌 검사(Collision Detection)' 과정이라고 한다. 만약에 부딪히지 않았다면 아무것도 만지고 있지 않은 거니까 아무 일도 안 하면 되고, 사람의 손이 가상의 물체와 부딪혔으면 그때부터 햅틱 렌더링을 수행해야 한다.

사실, 이 충돌 검사를 하는 과정이 쉽지만은 않다. 시간이 굉장히 오래 걸리기 때문이다. 보통 시각, 햅틱 렌더링에 사용하는 3차원 모델은 폴리곤 메시(Polygon Mesh, 물체를 다각형으로 이루어진 면으로 나타내는 방법) 형태로 모델화돼 있다.

우리 손이 위치한 한 점이 이 메시 내부에 있는지, 외부에 있는지를 검사하기 위해서는 한 점과 한 면의 위치 관계에 대한 수학식을 계산해주면 된다. 폴리곤은 보통 3개의 점으로 정의되는데, 3개의 점을 모두 지나는 평면의 방정식을 만들 수 있다. 현재 사용자의 손 위치 벡터 X를 평면의 방정식에 대입하여 결과의 음/양을 검사하면 면과 한 점의 위치 관계가 나오고, X가 해당 폴리곤의 내부에 있는지 외부에 있는지가 판별된다. 문제는 폴리곤의 숫자가 아주 많다는 것이다. 다음 그림의 토끼는 폴리곤의 수가 적지만, 일반적인 가상 물체는 적게는 몇천 개, 많게는 수십만 개의 폴리곤으로 이루어져 있다. 이런 복잡한 물체의 충돌 검사를 위의 방법으로 하게 되면, 폴리곤 숫자만큼의 더하기 빼기 계산을 해줘야 한다. 렌더링 컴퓨터의 성능이 아주 좋아 이 과정이 1ms 미만으로 가능하다면 문제가 없겠지만, 보통은 그렇지 못하다.

이 문제를 해결하기 위한 여러 가지 방법이 있는데, 그중 하나가 공간을 분할하는 것이다. 아래 그림에서 볼 수 있는 것처럼 전체 가상 공간이 있고, 가상의 물체는 동그라미 영역을 차지하고 있다고 치자. 전체 공간을 그림처럼 4등분으로 나누고 하나의 공간을 다시 4등분으로 나눠서 가상 물체가 위 영역에서 어디를 차지하고 있는지 미리 저장해놓자. 만약에 내 손 X가 있는 곳이 실제 물체가 차지하고 있는 영역이 아니라면, 폴리곤 단위의 검사를 하지 않아도 손이 물체를 만지고 있지 않다는 것을 알 수 있다. 같은 영역에 있을 때만, 그리고 해당 영역 내의 폴리곤들하고만 검사를 수행하게 하면 훨씬 빠르게 검사할 수 있다. 이런 방법을 사용해서 1ms 내에 충돌 검사가 이루어지게 해

효율적인 충돌 검사 알고리즘

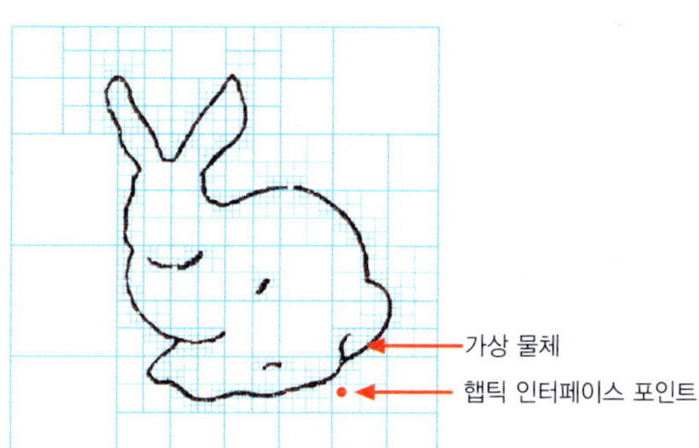

주는 알고리즘에 관한 연구도 많이 진행되었다.

자, 이렇게 충돌 검사가 끝나고 나서 충돌이 일어났다고 하자. 그 다음 단계로, 앞에서 이야기한 햅틱 속성들에 대한 시뮬레이션을 수행하고 그 결과로 최종적으로 햅틱 신호들을 계산해내야 한다. 이를 위해 일반적인 햅틱 시스템은 다른 햅틱 속성들에 대해서 다른 시뮬레이션 방법들을 사용하고, 여기서 계산된 최종 햅틱 신호들을 통합하는 방법으로 다중 속성을 지원한다. 예를 들어, 물체의 탄성 속성과 표면의 마찰력 속성으로부터 나오는 최종 햅틱 신호는 둘 다 '힘'이라는 형태로 표현되는데, 각각의 속성 시뮬레이션 모듈로부터 도출된 힘을 최종적으로 합해서 하나의 힘으로 표현한 뒤 햅틱 장치에 전달하는 형식이다.

대표적인 햅틱 속성에 대한 시뮬레이션은 어떤 방법으로 진행되는지 각각의 햅틱 속성별로 살펴보자. 햅틱 속성별로 꽤 간단한 시뮬레이션 방법에서부터 굉장히 복잡한 시뮬레이션 방법에 이르기까지

햅틱 속성 중 하나인 탄성의 원리

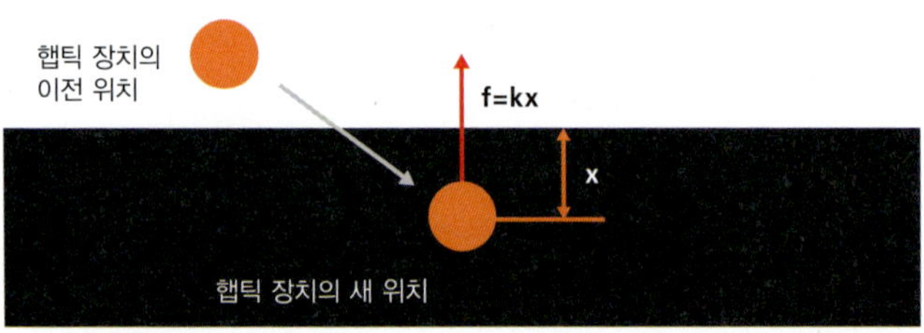

© Analysing collision detection in a virtual environment for haptic applications in surgery. Pinto Salamanca, María Luisa; Navarro, José María; Jorge Sofrony Esmeral. Ingeniería e Investigación; Bogota, Vol. 31, Iss. 1(2011): 204–212 참조

많은 방법이 레벨별로 있다. 그걸 다 여기에서 설명할 수는 없으므로, 대표적으로 많이 사용되는 방법을 살펴보기로 하겠다.

우선 첫 번째 햅틱 속성은 탄성과 점성이다. 탄성은 고무나 풍선 같이 누르면 들어갔다가 다시 돌아오는 성질이 있어, 누를 때 눌리는 정도에 따라서 반발력이 커진다. 조금만 눌러도 큰 반발력이 있는 물체가 딱딱한 물체, 그 반대가 물렁물렁한 물체가 되는 것이다. 탄성체의 이런 특징을 다른 말로 경도라고 이야기한다. 이 경도를 수식으로 표현하는 방법은 다양한데, 그중 가장 간단한 방법이 가상의 스프링을 가정하고 이를 시뮬레이션하는 것이다.

$$f=kx$$

여기서 f는 '물체에서 나오는 반발력'이고, x는 '눌러진 길이'다. 이 식은 f, x 둘 사이의 관계를 선형적인 비례 관계로 가정하여 경도를 설명한다. 즉 물체에서 나오는 힘은 우리가 누른 길이만큼 비례하는데, 누른 길이에 비례해서 얼마나 빨리 힘이 증가하는지를 결정하는 것이 k 경도 상수다. k가 큰 값일수록 딱딱한 물체가 된다.

다음 그림은 이러한 관계를 그래프로 도식화한 것이다. 수평축이 물체가 눌린 길이, 수직축이 반발력이 되고, 이 그래프의 기울기가 경도 상수 k가 된다.

실제 렌더링할 때 사용자의 현재 손가락 위치와 물체의 원래 표면 사이의 거리를 계산해서 사용자가 지금 물체를 얼마나 누르고 있는지를 계산할 수 있는데, 이 값이 x가 된다. 만지고 있는 가상 물체가 얼마

선형 탄성으로 인한 힘 피드백 형태

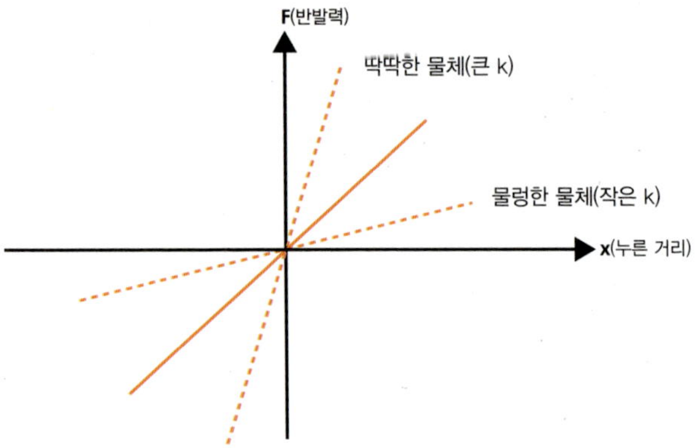

나 딱딱한지(k가 얼마인지)가 가상환경을 구성할 때 미리 정해진다고 하면, 만지고 있는 물체의 k 상숫값과 x를 이용해 실시간으로 반발력을 계산하게 되고, 이를 이용하여 햅틱 장치를 제어해서 반발력을 발생시킨다.

대부분 실제 물체의 반발력을 측정해보면 위의 그래프처럼 k 상수가 고정된 값이 아니라, 다음 그래프처럼 k가 구간에 따라 변하는 값으로 측정된다. 특히 이 현상은 물렁한 물체(사람의 피부나 스폰지 등)에 더 심하게 나타나는데, 이러한 현상을 비선형적 경도(Non-Linear Stiffness)라고 부른다. 따라서 고정된 k 값을 사용하면 아주 물렁물렁한 물체 같은 경우에는 사실성이 떨어진다. 이런 비선형적 경도를 표현하는 약간 복잡한 수식도 존재하는데, 물렁물렁한 물체에 대한 굉장히 사실적인 피드백이 필요한 시스템(예, 수술 시뮬레이터 등)에 제한적으로 사용된다.

또 하나의 중요한 속성 중 하나가 점성이다. 위에서 설명한 탄성

점탄성(Viscoelasticity)

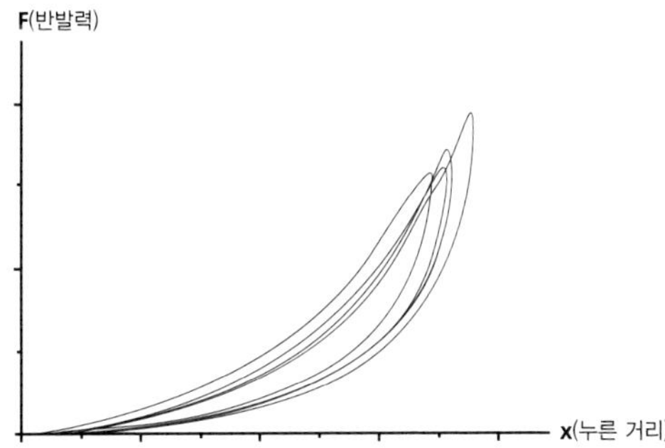

점성이 탄성과 같이 발현됐을 때의 반응

은 내가 물체에 준 에너지가 거의 모두 물체 내부의 탄성 에너지(Elastic Potential Energy)로 저장되었다가 손을 떼면 다시 방출되지만, 점성은 내가 준 에너지가 열 에너지로 소모되어 날아가 버리는 현상이다. 젓가락으로 꿀병 속을 휘저을 때 느끼지는 힘이 점성으로 인한 힘이다. 점성은 움직임에 비례해서 커진다. 꿀을 빨리 휘저을수록 반발력이 커지는 것이다. 꿀 같은 액체 상태의 물질뿐 아니라 고체 물질도 얼마간의 점성이 있는데, 이 점성이 탄성과 같이 발현되면 위 그래프와 같은 반응을 보이게 된다.

위 그래프에서 볼 수 있는 것처럼, 물체 방향으로 누를 때는 경도로 인해 발생하는 반발력보다 약간 더 큰 반발력이 나오는 반면, 물체에서 힘을 뺄 때는 반발력이 오히려 더 약해지는 것을 볼 수 있다. 점성의 성질, 즉 나의 움직임에 반하는 힘이 발생해서 그런 것이다. 그래프의 타원형 부분만큼(이력 현상, Hysteresis)의 영역이 점성으로 인해 버려지는 에너지다. 다시 말해, 물렁물렁한 피부나 실리콘 등은 특히 점성이 강한 고체들이다. 점성으로 인한 반발력도 우리가 느끼는 촉감 경험이 큰 영향을 미치므로 이 또한 모델링·렌더링되어야 한다.

점성을 모델링하는 가장 쉬운 방법은 우리 움직임의 반대 방향으로 움직이는 속도에 비례해서 커지는 힘을 만들어내는 수식 텀을 하나 추가하는 것이다. 보통 이런 역할을 하는 텀을 댐퍼(Damper)라고 부른다. 가장 간단한 형태의 댐퍼는 다음의 수식으로 표현된다.

$$f=-c\dot{x}$$

댐퍼는 내가 움직이는 속도, 즉 $\dot{x}$에 반비례하는 힘이다. 얼마나 빠르게 반발력이 증가하는지는 댐핑 상수 c로 결정되고, 이 값이 크면 클수록 끈적한 물체가 된다.

위의 경도와 점도는 모두 시뮬레이션의 결과 힘이라는 햅틱 신호를 만들어낸다. 따라서 경도와 점도를 합쳐도 큰 무리가 없는데, 이 둘을 합친 속성을 우리는 점탄성이라 부른다. 간단한 탄성과 점성 표현식을 합치면 다음의 기본 점탄성 식이 도출될 수 있는데, 사용이 간편해서 간단한 렌더링에 많이 사용된다.

$$f=kx-c\dot{x}$$

그렇다면 물체의 모양에 대한 렌더링에 관해 알아보도록 하자.

기본적으로 가상현실 환경에서 물체의 모양은 폴리곤 메시로 표

형태를 렌더링하는 방법: 가상 프록시

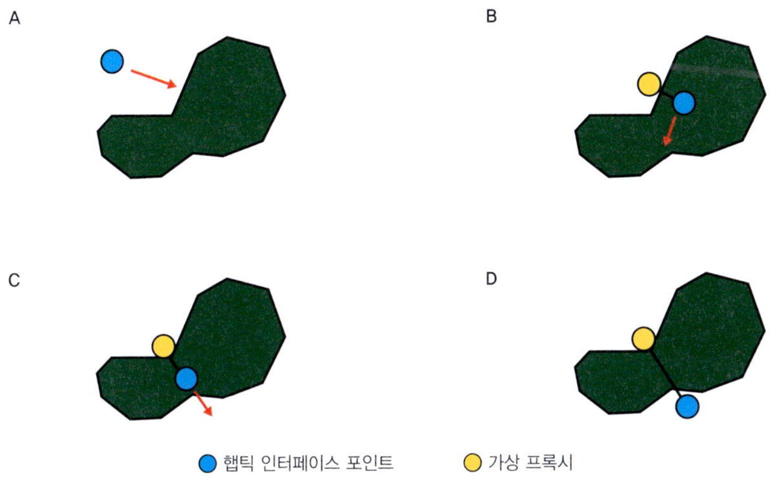

현된다. 폴리곤은 평평한 다각형 모양의 가상 면 패치로, 이 패치들을 이어붙여 임의의 모양을 만든다고 보면 된다. 그렇다면 폴리곤 패치들로 표현된 물체의 겉모양을 어떻게 렌더링할까? 이해를 돕기 위해 3차원 모델을 2차원으로 단순화해서 설명하겠다. 위의 그림을 보면 초록색이 가상 물체인데, 이 물체는 여러 직선(3차원에서는 폴리곤)으로 둘러싸여 있다. 우리는 이 녹색 물체의 외형을 만질 수 있게 해주는 알고리즘을 만들어야 한다.

그림과 같은 가상 물체가 있을 때, 기본적으로는 사람의 손이 위 녹색 부분 내부로 들어가지 못하게 하면 외곽의 형태가 느껴질 것이다. 내부로 들어가지 못하게 하는 가장 확실한 방법은 사람 손이 물체 외부 벽을 뚫고 들어갈 때 가장 가까운 벽의 반대 방향으로 반발력을 만들어주는 것이다. 그런데 여기서 반발력을 만들어줄 방향을 결정하는 것이 약간 까다롭다. 일반적으로는 물체 외곽을 구성하는 선분(3차원상에서는 폴리곤)들 각각의 끝점을 알고 있고, 그로부터 이 선의 수식을 유추해낼 수 있으므로 이 선과 수직인 벡터, 즉 법선 벡터(Normal Vector)를 쉽게 계산할 수 있다. 이 법선 벡터가 바로 '벽의 반대 방향'이 된다. 현재 내 손의 위치에서 가장 가까운 선분을 선택하여 이 선분의 법선 벡터 방향으로 반발력을 만들어주면 물체 외관의 느낌을 줄 수 있다.

하지만 이 간단한 알고리즘이 이상하게 동작하는 경우가 종종 발생한다. 대표적으로, 가상 물체가 아주 얇은 물체일 경우에 뚫고 들어가 버리는 현상이다. 위 알고리즘에서 가장 가까운 선분의 법선 방향으로 반발력을 발생시킨다고 했는데, 물체가 얇아서 마주 보는 두 선분이 아주 가까이 있고, 사용자가 조금만 반발력을 거슬러서 눌러버리면 현재 손 위치에서 가장 가까운 선분이 갑자기 반대편의 선분으로 선택되어 버린다(그림의 C, D에서 아랫부분의 선분이 선택되어 갑자기 힘의 방향이 위쪽에서 아래쪽으로 바뀌는 경우). 그러면 반발력의 방향이 순식간에 완전히 반대 방향으로 바뀌어버리고, 햅틱 피드백은 사용자의 손을 밀어내는 대신에 뚫고 들어가는 방향으로 밀어버리게 된다.

이를 해결하는 대표적인 알고리즘으로 갓-오브젝트(God-Object) 혹은 가상 프록시(Virtual Proxy) 방법이 있다. 이는 내 손이 처음으로 물체와 접촉했을 때 충돌한 선분을 저장하고, 내가 움직일 때 이 선분을 기반으로 다음 선분을 찾아서 힘의 방향이 갑자기 튀지 않게 하는 방법이다. 위 그림처럼 사용자의 손이 물체의 외곽에 있다가 점점 물체에 접근하여 하나의 선분에 딱 부딪혔다고 하자. 이때 알고리즘은 항상 물체 표면 위에 존재하는 가상의 점인 프록시(Proxy, 시스템의 일부 기능을 다른 것이 임시로 대행하는 것)를 정의하는데, 이 프록시는 내가 어느 방향에서부터 누르고 있는지를 표시하는 역할을 한다고 보면 된다. 햅틱 인터페이스 포인트라고 표시된 부분이 사람 손의 위치라고 했을 때, 가상환경에서는 이 햅틱 인터페이스 포인트가 가상의 물체 표면을 순간적으로 뚫고 들어갈 수 있다(그림에서 C, D 부분). 이때 프록시의 위치는 이 햅틱 인터페이스와 가장 가까운 표면의 한 점이지만, 프록시 위치 계산 시에 프록시가 접한 선분이 갑자기 변하거나 점프하는 것을 방지하는 알고리즘을 내부에 구현함으로써 위에서 뚫고 들어가는 이상 동작을 막는다.

프록시와 햅틱 인터페이스 포인트의 위치가 결정되면, 햅틱 인터페이스 포인트에서 프록시 방향으로 나가는 벡터가 바로 힘 렌더링 방향이 되며, 뚫고 들어가는 일 없이 자연스러운 모양의 렌더링이 수행된다. 이렇게 힘의 방향이 결정되면 힘의 크기 또한 결정해야 하는데, 이를 위해 앞에서 설명했던 점탄성 렌더링 식이 종종 사용된다. 햅틱 인터페이스와 프록시 사이의 거리가 경도 렌더링 식의 x가 되고, 해당 물체의 경도 상수 k와 점도 상수 c가 이미 정해져 있다면 점탄성 식을 이용해서 반발력의 크기를 결정하게 된다. 당연히 k와 c에 따라 다른 느낌의 물체를 렌더링할 수 있다.

모양 렌더링 결과에 대해 다시 한번 설명해보자. 사용자가 한쪽 면(선분 혹은 폴리곤)을 긁으면서 쭉 만진다고 할 때, 만지는 면이 다른 면으로 이동하게 되면, 면의 방향이 바뀌게 된다. 따라서 위의 알고리즘에 따라 반발력의 방향도 순간적으로 바뀌게 된다. 그러면 사용자는 '아, 이게 굴곡이 있는 면이구나'라고 인지하게 되는 것이다.

위의 알고리즘들은 계산의 간편함을 위해 사용자가 한 손가락으로 한 점에서 가상의 물체와 상호작용하는 것을 가정하고 계산된다. 두 손가락으로 쥐는 상호작용 혹은 세 손가락으로 쥐는 상호작용 같은 경우는 각 손가락에 대해서 같은 계산을 반복해줌으로써 제공할 수 있다. 하지만 이러한 알고리즘이 못 하는 것도 많다. 예를 들어 손바닥으로 감싸듯이 물체를 만진다든지 하는 상호작용은 위의 한 점 기반 알고리즘으로는 풀 수 없는 문제로, 면을 기반으로 하는 전혀 다른 알고리즘이 필요하다. 또한 2개 이상의 손가락이 동시에 접촉할 때 손가락들 사이에 발생하는 영향은 위 알고리즘이 제공하지 못하므로 추가적인 알고리즘이 필요하다.

그다음 속성으로 물체의 표면 질감 속성에 대한 렌더링 원리를 알아보자. 표면 질감은 주로 물체 표면의 아주 미세한 굴곡 때문에 발생한다. 이론적으로는 이 굴곡 자체를 폴리곤으로 표현하고, 이를 위의 모양 알고리즘으로 렌더링해주면 굴곡 렌더링이 가능해 보이지만, 실용적이지 않다. 미세 굴곡을 폴리곤으로 표현하기 위해서는 엄청나게 작은 폴리곤들이 필요하기 때문이다.

그 대신에, 보통은 다음과 같은 방법들을 사용한다. 첫 번째, 임의의 굴곡 대신에 정형화되거나 혹은 수식으로 표현 가능한 굴곡을 사용한다. 예를 들어 일반 폴리곤으로 전체적인 형상을 표현한 다음에, 질감을 표현하고자 하는 표면 위에 아주 작은, 그리고 형태가 일정한 융기물(Bump, 반구, 삼각뿔, 원기둥 등)을 배열처럼 일정하게 배치하여 세밀한 굴곡을 모사하는 것이다. 이들에 대한 충돌 검사 및 형태 렌더링은 임의의 굴곡보다는 훨씬 간단하므로 질감 렌더링의 계산량을 줄일 수 있다. 이 방법을 다르게 변형한 방식이 있는데, 정형화된 융기물 대신에 수식(예, 사인 함수 등)을 사용하여 미세 굴곡을 표현하는 방법이다. 이 또한 계산량을 줄이는 방법이다.

이와 달리, 질감의 결과물을 직접적으로 표현하는 방법이 있다. 물체 표면의 울퉁불퉁함은 시각적으로는 나무결 같은 질감 이미지로 표현되는 반면에, 촉각적으로는 표면을 긁었을 때 발생하는 고주파 가속도로 표현된다. 물체의 표면 질감을 사진 찍는 것처럼, 물체 표면을 긁었을 때 나오는 가속도 파형을 그대로 저장하고, 이를 질감 렌더링에 그대로 재생해주는 형식으로 질감을 렌더링해줄 수 있다. 다음 그림에서 볼 수 있는 것처럼, 표면 굴곡이 다른 물체들은 펜이나 손톱으로 긁었을 때 완전히 다른 형상의 가속도 파형을 보여준다. 굉장히 만질만질한 표면은 가속도도 작게 나오고, 울퉁불퉁한 표면은 변화가 큰 가속도로 표현된다.

가속도로 표현된 질감은 상대적으로 진동자로 렌더링하기가 쉽다. 진동자 자체가 이런 고주파 가속도를 직접적으로 만들어낼 수 있는 장치이므로, 파형만 제공된다면 별도의 신호 변환 없이 바로 질감 렌더링을 할 수 있다. 또한 이런 파형만 만들어줄 수 있다면 질감 렌더링을 위한 별도의 충돌 검사나 굴곡 렌더링이 필요 없어서 계산량이 확 줄어든다.

그러면 다른 질감을 표현하는 임의의 가속도 파형 자체를 어떻게 실시간으로 계산해낼 수 있을까? 다음의 두 가지 방법이 있다. 첫 번째

고주파 가속도로 표현된 표면 질감

브레드 보드

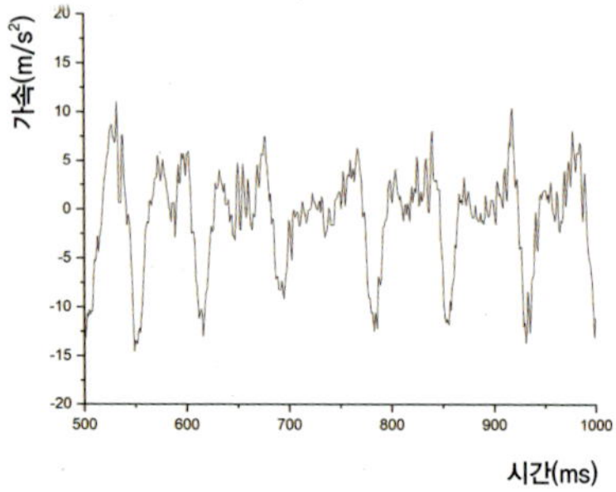

고무장갑

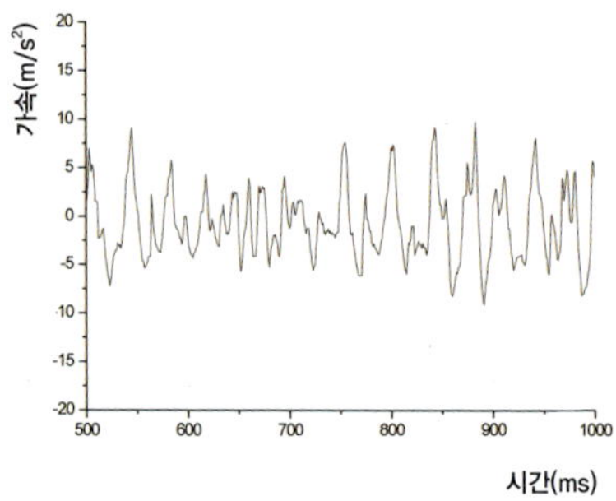

유리

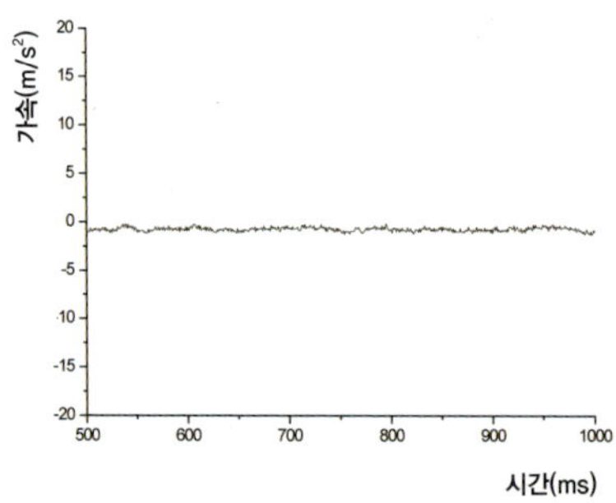

는 가장 단순 명료한 방법이다. 가속도 센서가 달린 펜 형태의 툴로 실제 표면의 질감을 지닌 물체를 긁으면서 신호를 레코딩하고, 이를 가상 물체와 상호작용할 때 그대로 재생해주는 것이다. 이를 데이터 기반 햅틱 렌더링(Data-Driven Haptic Rendering)이라고 부르는데, 실제 물체와 똑같은 느낌의 질감 디지털 카피를 만들 수 있다. 이 방법도 약간의 계산은 필요하다. 예를 들어 같은 표면이라도 사용자가 긁는 속도와 누르는 세기에 따라 가속도 파형이 달라진다. 이를 고려해 다른 속도와 누르는 힘으로 긁는 경우에 관한 데이터를 모두 레코딩하고, 실제로 렌더링할 때는 사용자의 움직이는 속도와 힘에 따라 이 데이터를 보간(Interpolation)하여 신호를 실시간으로 만들어내는 방법이 있다.

데이터 기반 햅틱 렌더링 방법도 한계가 있다. 가장 큰 단점 중 하나가 실제 존재하는 물체에 대한 렌더링밖에 재현하지 못한다는 것이다. 상상의 물체, 혹은 현재 접근하기 힘든 물체에 대한 렌더링이 필요하다면 데이터 기반 방법론은 사용하지 못한다. 그 대신에, 가속도 파형 기반의 렌더링이긴 하지만, 파형 자체를 임의로 만들어내는 방법도 있다. 매우 세밀한 질감에 대해서는, 우리가 고주파 가속도로 표현된 질감을 인지할 때 파형 하나하나에 대한 세부 디테일을 인지하는 것이 아니라 전체적인 느낌을 인지하게 된다. 따라서 고주파 파형에 대한 전체적인 형태(예를 들어, 파형 자체가 아닌 전체적인 주파수 특징이나 강도 등)를 파라미터화하고, 이를 기반으로 확률적 수식 모델을 사용해 임의의 파형을 직접 만들어내야 한다. 이를 사용자의 움직임에 맞게 변형하여 제공하면 어느 정도 그럴듯한 질감 느낌을 제공할 수 있다. 예를 들어, 상대적으로 더 울퉁불퉁한 질감을 표현하기 위해 저주파 영역의 가속

마찰 모델의 종류

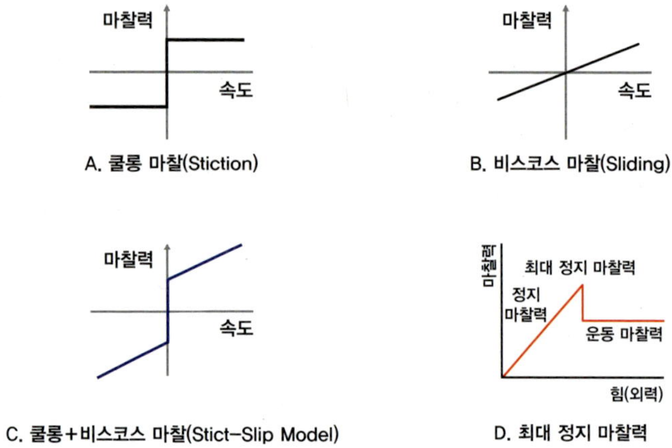

A. 쿨롱 마찰(Stiction)
B. 비스코스 마찰(Sliding)
C. 쿨롱+비스코스 마찰(Stict-Slip Model)
D. 최대 정지 마찰력

도를 크게 한다든지 하는 방식으로 질감의 차이를 임의로 만들어내는 것이다.

마지막으로 마찰 속성에 대한 렌더링을 살펴보자. 마찰력도 굉장히 중요한 속성이다. 물체끼리 혹은 물체와 사람의 손 사이에는 마찰력이 어떤 형태로든 존재하고, 이것이 제공되지 않으면 사실성이 크게 떨어진다. 그런데 마찰은 컴퓨터로 시뮬레이션하기가 매우 복잡하다. 극도의 비선형적인 특징(속도, 누르는 힘과 비선형적인 관계)이 있고, 상태 의존적(State Dependent; 정지 마찰/운동 마찰)이며, 수많은 외부 파라미터들이 관여하기 때문이다. 예를 들어, 과거 내가 표면을 얼마나 접촉하고 있는지에 따라서도 마찰이 변한다. 이처럼 마찰을 느끼게 하는 것은 난이도가 높은데, 햅틱 렌더링을 위해서 단순화한 모델이 많이 사용된다.

우선 마찰이라고 하면 움직임을 시작할 때 움직임을 방해하는 정지 마찰력과 이미 움직이고 있을 때 움직임을 방해하는 운동 마찰력이 있다. 이를 쉽게 표현한 모델이 위 그래프 A 쿨롱 마찰(정지 마찰력)과 B 비스코스 마찰(운동 마찰력)이다. 두 마찰 모두 마찰력과 움직이는 속도와의 관계로 표현된다. 쿨롱 마찰은 내가 얼마나 큰 힘을 줘야 움직임이 시작되는지를 표현하는데, 단순 상수가 아니라 이를 내가 얼마나 누르고 있는지에 비례한 마찰력으로 표현한다. 비스코스 마찰은 움직이는 속도에 비례해서 마찰력이 커지는 현상을 표현했다. 이 둘을 합치면 그래프 C처럼 표현된다.

보통 움직임이 시작되는 지점(최대 정지 마찰력)은 운동 마찰력보다 큰데(그래프 D 참조), 쿨롱 마찰을 조절하여 이를 표현해주기도 한다. 이 때문에 습동 현상(Stick-Slip Effect; 예를 들어, 손가락으로 유리를 문지를 때 드드득 하면서 떠는 현상)이 나타나기도 하는데, 위의 마찰 모델의 파라미터를 잘 조절하면 이러한 습동 현상을 재현할 수도 있다.

정지 마찰이나 운동 마찰 모두 실제로 렌더링할 때 사용자의 손이 움직이는 속도가 입력값으로 들어가는데, 사람 손의 속도를 측정하기가 쉽지는 않다. 특히 정지 마찰력 같은 경우는 저속 구간 시(손이 아주 느리게 움직일 때) 아주 작은 속도 변화에도 큰 힘의 변화가 발생하는데, 저속 구간은 속도 측정치의 노이즈가 크게 발생해서 최종 마찰 렌더링에 악영향을 미치기도 한다.

지금까지 각각의 햅틱 속성에 따른 렌더링 방법을 설명했다. 다음 단계로 이렇게 각각의 햅틱 속성 모델을 통해 계산된 햅틱 신호들(힘, 위치, 가속도 등)을 햅틱 장치에 전달해서 햅틱 장치가 실제로 이러한 물리 신호를 발생시키도록 제어하는 일이 남았다. 햅틱 장치가 이상적인

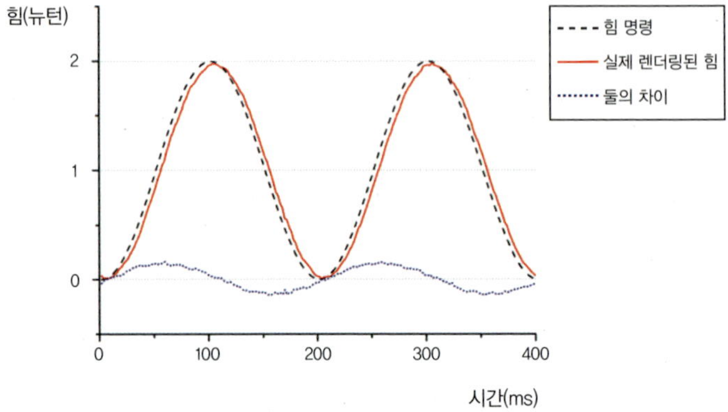

검은색 파형을 만들어내라는 제어 신호를 보냈지만, 빨간색으로 렌더링한 햅틱 장치

장치라면, 우리가 햅틱 장치에 5뉴턴을 만들어내라는 신호를 보내면 정확하게 5뉴턴을 만들어낼 것이다. 하지만 현재 존재하는 햅틱 장치들은 아직 이 정도까지 발전하지 못했다. 위의 그래프는 그 예를 보여주고 있다. 실제 검은색 점선의 힘을 만들어내라는 제어 신호를 보냈지만, 빨간색으로 렌더링했다.

이런 현상은 주로 햅틱 장치의 구조적 문제 혹은 성능상의 문제 때문에 발생한다. 이를 해결하기 위해 좀 더 튼튼한 구조의 장치를 사용한다든지 더 큰 모터, 더 정확한 센서, 피드백 제어 방법 등을 사용하는데, 모두 추가 비용이 드는 방법이다. 이 트레이드 오프(Trade-off, 서로 대립되는 요소 사이의 균형)를 적절히 디자인하여 최적의 시스템을 선정하는 것도 햅틱 시스템 디자이너가 해야 할 일이다.

또 다른 전통적인 제어 문제로, 안정성을 들 수 있다. 모든 기계 장치가 지닌 문제다. 예를 들어 사용자는 물체를 가만히 만지고 있으므로 안정적인 반발력이 나와야 하는데, 햅틱 장치가 의도치 않게 계속 떠는 현상이 종종 발생한다. 이러한 고주파 떨림은 사람이 인지적으로 민감하게 느낄 수 있으므로, 비안정성으로 인한 떨림은 사실성 구현에 좋지 않은 영향을 미친다. 이는 신호가 지연될 때, 장치가 구조적으로 약할 때, 갑자기 아주 큰 힘을 내야 할 때 등에 주로 발생한다. 대부분 시스템적인 문제 혹은 구조적인 문제가 원인이라서 기계적으로는 해결하기가 쉽지 않다.

자, 이제 다음 단계로 넘어가자. 참고로 이 모든 단계는 1000분의 1초(1ms) 내에 이루어진다는 점을 명심하라.

사람은 햅틱 장치로부터 피드백을 느낀 다음에, 가상환경을 향해서 또 어떤 물리적인 반응을 할 것이다. 물체를 더 민다든지, 당긴다든지, 잡는다든지 하는 반응 말이다. 만약 이 물체가 찌그러지지 않는 고체이고, 땅에 고정된 물체라면 우리가 아무리 상호작용을 해도 햅틱 반응만 사용자에게 올 뿐, 우리가 가상세계를 변화시킬 수는 없다. 따라서 가상세계는 변하지 않는다. 다시 이 햅틱 룹(Loop)의 가장 처음, 즉 충돌 검사부터 시작하면 된다. 하지만 우리가 설정한 가상 물체가 찌그러지는 물체이거나 움직일 수 있는 물체라면 어떨까? 사람의 반응으로 인해 가상세계가 바뀔 수 있다는 것이므로, 가상세계의 변화 또한 자연스럽게 진행되어야 한다. 실제 물리 법칙을 따라서 업데이트되어야 한다. 이를 위한 알고리즘들을 모아놓은 모듈이 바로 물리 시뮬레이션 엔진이다.

물리 시뮬레이션 엔진은 사용자의 반응을 기반으로 가상 물체를 그럴듯하게 찌그러뜨리거나 옮겨준다. 사용자가 공을 던지면 중력과 공기의 저항으로 포물선을 그리며 날아가게 되고, 사용자가 공에 맞으면 그 피드백을 계산해줘야 한다. 이것 또한 물리 현상에 대한 시뮬레이션으로, 정확한 햅틱 피드백을 시뮬레이션하기 위해 꼭 필요한 과정이다. 하지만 문제가 있다. 앞에서 이야기한 것처럼 햅틱 시뮬레이션은 1초에 1000번 업데이트해야 하는데, 위에서 말한 물리 시뮬레이션은 계산량이 아주 많아서 간단한 경우가 아니면 1초에 1000번 업데이트하는 것은 무리다.

하나의 해결책이 있는데, 다음 그림처럼 조금 느리게 돌아가는 물리 시뮬레이션 룹과 1000Hz로 빨리 돌아가는 햅틱 룹을 분리해서 구현하는 것이다. 이 방법도 약간의 문제는 있다. 빠르게 돌아가는 햅틱 시뮬레이션에서 느리게 돌아가는 물리 시뮬레이션의 결과로 튀어나

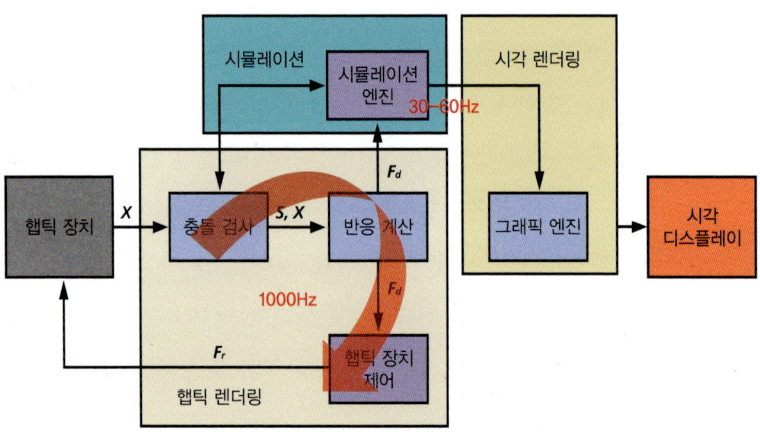

햅틱 렌더링 시스템에서 느리게 돌아가는 물리 시뮬레이션 룹과 빨리 돌아가는 햅틱 룹을 분리해서 구현하는 방법

오는 값들을 사용해야 하는 경우가 있다. 이를 위해 느리게 업데이트 되는 물리 시뮬레이션 값들 사이사이를 외삽법(Extrapolation)과 내삽법(Interpolation)을 사용하여 추정하고, 이를 햅틱 룹에 사용하는 방법을 많이 사용한다. 외형 렌더링 혹은 점탄성 렌더링 등은 이런 추정 방법을 사용해도 인지적으로 큰 문제나 이상 없이 렌더링할 수 있다는 연구 결과가 있다. 우리 인간은 점탄성이나 외형의 빠른 변화에 둔감하기 때문이다.

6) 정보 전달을 위한 비사실적 햅틱 기술

지금까지 가상환경에서 어떻게 하면 사실적으로 촉감을 만들어낼 수 있을지 알아보았다. 다음으로 사실성보다는 오로지 촉감을 통해 정보를 전달하는 것이 목적인 햅틱 기술들을 간략하게 살펴보겠다.

그런데 효율 좋은 시각을 놔두고 왜 하필 촉감으로 정보를 전달해야 할까? 시각이 촉각과 비교해서 한번에 받아들이는 정보의 양이 훨씬 많은 것은 잘 알려진 사실이다. 따라서 촉각을 사용한 정보 전달은 주로 시각 채널을 활용하기 힘들 때 많이 사용된다. 대표적인 예로 시각이나 청각 장애가 있는 사용자들에게 정보를 전달하기 위해 촉감을 사용할 수 있다. 또 다른 중요한 경우는 다른 감각 정보가 포화 상태일 때다. 대표적인 예가 운전할 때다. 시야는 바깥세상에 고정되어 있고, 청각은 소음으로 막혀 있다고 한다면, 추가적인 정보(경고, 위험 신호 등)를 전달해야 할 때 이 두 감각은 더는 활용이 불가능하다. 이미 포화 상태라서 너무 바쁜 것이다. 이때 촉감을 활용하면 굉장히 빨리, 그리고 명확하게 정보를 전달할 수 있다.

마지막으로, 촉감은 다른 감각에 더해져서 부가적으로 사용될 때 효과적이다. 예를 들어, 휴대폰에서 재난 문자가 올 때가 있는데, 삐 삐 하면서 진동도 같이 울린다. 진동은 부가적 피드백이긴 하지만, 하나의 모달리티(Modality, 감각 종류)로 소리만 나거나 진동만 울릴 때보다 훨씬 더 정보 전달이 명확하고 정확하다는 연구 결과가 있다. 이처럼 촉감을 사용한 정보 전달은 그 효용성으로 인해 많이 적용 및 연구되고 있는 분야다.

추상적인 정보 전달을 위한 용도로 가장 많이 사용되는 햅틱 피드백은 진동이다. 진동은 상대적으로 작은 에너지와 크기로 인간 피부에 큰 인지적 자극을 만들어내기 때문이다. 정보 전달만이 목적이라면, 이를 위해 가장 중요한 요소는 정보 전달의 효율성, 즉 얼마나 빨리 쉽게 많은 정보를 사람에게 전달하느냐일 것이다. 이때 작은 에너지로 구별하기 쉬운 큰 자극을 만들어내는 것은 효율성 측면에서 큰 장점이다.

그렇다면 진동을 어떻게 정의할 수 있을까? 보통 진동의 주파수(얼마나 빨리 떨까)와 진폭(얼마나 크게 떨까)으로 단위 진동을 정의한다. 여기에 '이 단위 진동이 얼마나 길어질까', 즉 진동의 길이가 추가되어, 총 3가지 축을 가지고 간단한 진동을 정의하게 된다. 이러한 간단한 진동들을 조합하여 리듬(진동의 시간적인 변화)을 만들 수 있다. 이 또한 진동을 정의하는 데 중요한 축이 된다. 높낮이, 크기, 길이가 있는 음표가 모여서 리듬을 만드는 것과 같은 이치다.

'진동의 축들을 어떻게 잘 조합하여 최적의 정보 전달을 하느냐'

진동의 주파수, 진폭, 길이, 그리고 리듬

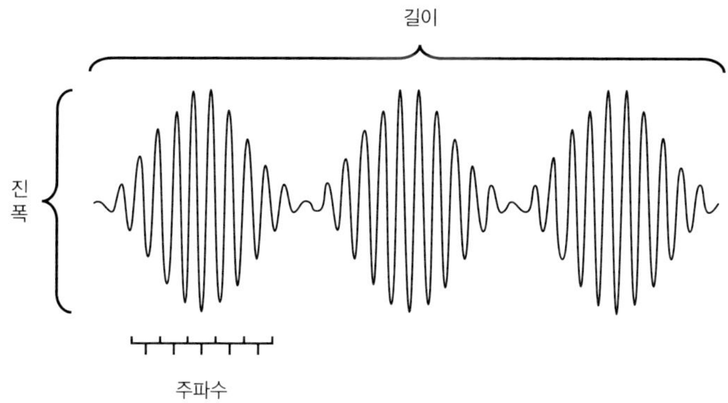

가 정보 전달을 위한 진동 렌더링에서 주안점을 두는 부분이다. 예를 들어 우리가 훈련 없이 구별할 수 있는 진동의 주파수가 3가지 정도라면, 이는 정보를 진동의 주파수에 실어서 한번에 사람에게 전달할 수 있는 정보의 양이 3가지란 얘기다. 이에 더해서 진동의 크기를 4가지 정도로 구별할 수 있다면, 이론적으로 인간은 3 곱하기 4 정도의 구별 가능한 신호를 한번에 인지할 수 있다는 얘기가 된다. 이 크기가 주파수 진폭을 사용한 정보 전달의 대역폭(Bandwidth)이 된다. 주파수 진폭뿐만 아니라 리듬이 추가되고, 다양한 신체 부위에 하나의 진동이 아닌 동시 진동을 활용하면 이 대역폭은 더 커질 수 있다. 다만 촉감 인지 부분에서 설명한 것과 같이 사람은 신체 부위에 따라서 진동의 민감도가 다르고, 촉감 대역폭도 신체 부위에 따라서 다르므로, 이를 잘 고려한 촉감 디자인이 필수다.

진동의 인지적인 정보 전달 대역폭이 기본적인 진동의 인지 효율성이라고 한다면, 좀 더 나아가서 실용적으로는 진동을 아이콘 형태로 사용하는 방법이 많이 연구되고 있다. 임의의 진동을 임의의 정보로 매칭시키는 방법이다. 가장 간난한 예가 휴대폰에서 전화 올 때와 문자 올 때의 진동 패턴을 다르게 해서, 보거나 듣지 않고도 현 콘텍스트를 인지하는 것이다. 임의적 형태의 진동을 임의의 의미로 매칭하는 것보다 메타포적인 연결고리가 있는 진동-의미로 매칭하는 것이 훨씬 유용한 것은 당연하다. 예를 들어 문자가 올 때는 종을 울리는 듯한 진동이 콘텍스트에 맞고 기억하기가 훨씬 수월할 것이다.

이런 정보-진동 코딩은 진동을 디자인하는 데 아주 중요한 요소다. 얼마나 많은 정보를 한 번에 담을 수 있는지와 얼마나 잘 외울 수 있느냐도 중요하지만, 장기기억에 대한 리콜(Recall)을 최소화하면서 의미 전달이 가능하도록 디자인하는 것도 중요하다. 무언가 빨리 진행되어야 하는 것을 표현하기 위해 엄청나게 빨리 변하는 진동을 사용하거나, 천천히 알아차려도 되는 정보는 서서히 커지는 진동을 사용하는 것 등이 좋은 예다. 이런 진동 디자인을 위한 사용자 실험 등의 방법론을 연구하는 연구자들도 많다.

3. 지속적인 몰입을 위한 게이미피케이션의 설계

'게이미피케이션(Gamification)'이란, 한국어로는 '게임화'라고 사용하기도 한다. 이는 게임이 아닌 분야에 게임적 요소, 즉 일반적으로 게임에 활용하는 순위표, 경쟁, 미션, 성장 등의 게임 요소를 적용하여, 사용자의 지속적인 몰입을 유도하는 것을 의미한다. 헬스 케어 앱들이 순위표나 미션, 경쟁 모드 등을 사용하는 것이 좋은 예이다.

이러한 게이미피케이션 기법은 현재의 단조로운 메타버스 몰입 시스템을 더욱 강화할 수 있다. 현재 활용 가능한 메타버스 플랫폼의 경우, 거의 모든 플랫폼이 재미와 몰입을 위해서 사용자의 분신인 아바타 생성 및 꾸미기 시스템을 활용하고 있다. 실제로도 메타버스에 대한 홍보나 메타버스 문화가 소비되는 형태를 보면, 아바타에 집중되고 있다.

TV조선의 예능 프로그램인 〈메타버스 아바타쇼 부캐전성시대〉는 메타버스 문화가 어떻게 소비되고 있는지를 잘 보여준다. 일반적으로 메타버스를 '부 캐릭터', 즉 아바타로 노는 문화로 이해해, "메타버스가 뭐야?"라는 질문에 사람들이 흔히 "아바타 만들어서 노는 거야"라고 답변하곤 한다. 이를 반영하듯이 메타버스 쇼라고 타이틀이 붙은 예능에서도, 연예인의 아바타를 만들어 아바타와 실제 연예인의 공연을 교차로 보여주는 방식으로 프로그램을 구성하고 있다. 대부분의 메타버스 플랫폼 광고도 얼마나 귀엽고 예쁜 아바타 저작이 가능한지를 어필하는 데 주력하고 있다. 물론 아바타는 메타버스 플랫폼의 중요

구성 요소이기는 하다. 아바타라는 분신을 통해 다양한 현실의 데이터가 가상현실에 반영되기도 한다. 사용자는 이러한 아바타를 통해, 현실을 반영해 구성된 미러월드라는 메타버스에서 이동하거나 활동할 수 있다. 즉 아바타는 메타버스라는 공간 활용을 위한 가장 기본적인 요소다.

하지만 아바타 자체, 또는 아바타를 만들거나 꾸미는 것이 메타버스 전체를 의미하지는 않는다. 아바타를 만들고, 꾸미고, 아바타로 이동하고 행동하는 것이 메타버스에서의 기본 활동이며, 이를 통해 콘텐츠가 풍성해지기도 하지만, 이러한 아바타 시스템만으로 메타버스가 구성된다거나 콘텐츠가 활성화된다는 식으로 접근한다면, 결국 이러한 메타버스 플랫폼은 성공하지 못할 것이다. 앞에서 살펴봤듯이, 콘텐츠의 다양성이나 상호작용적인 측면은 매우 중요한 요인이다. 즉 일시적으로 접속할 때는 아바타 저작의 다양성 등이 중요하게 적용될 수 있으나, 사용자가 지속해서 메타버스 플랫폼을 이용하도록 하기 위해서는 아바타 시스템 이상으로 콘텐츠의 다양성이 요구된다. 현재는 일반적으로 재미를 위해서 미니 게임 같은 게임 요소가 활용되거나, 소통에서의 재미를 위해 다양한 아바타 모션 등이 활용되고 있다.

메타버스 플랫폼에서 기존 디지털 게임이나 SNS와 차별화되는 재미 요소를 활용 혹은 개발하는 것은 향후 메타버스 콘텐츠와 문화가 발전하는 데 중요한 비중을 차지할 것이다. 메타버스의 중요한 요소 중 하나인 라이프로깅과 아바타 시스템을 연계한 성장형 아바타 시스템은 메타버스 플랫폼 내에서 현재 대중이 가장 활발하게 사용하는 아바타 시스템과 사용자들의 다양한 현실 데이터를 연계시켜 아바타를 성장시키는 것이다. RPG(Role Playing Game)에서 사용자가 본인의 아바타나 캐릭터를 성장시키듯이, 메타버스에서 아바타를 단순히 꾸미는 것에서 나아간 것이다. 즉 메타버스 플랫폼 내에서의 활동뿐만 아니라, 현실에서 사용자의 다양한 행동이 아바타에게 영향을 주며, 이러한 데이터를 기반으로 아바타가 성장하는 시스템을 의미한다.

다음 그림은 이처럼 성장한 아바타 시스템을 메타버스 기반의 전시 및 컨벤션 시스템에 적용한 사례다. 그림에서 볼 수 있듯이, 사용자는 메타버스에서 본인의 아바타를 활용하여 가상현실 기반의 전시를 관람할 수 있다. 실제 현실에서 전시장으로 방문할 경우, 해당 이력이 메타버스 전시 플랫폼에서 아바타가 성장하는 데 영향을 주기도 한다. 혹은 메타버스 전시 공간에서 아바타를 통해 가상체험을 하면, 사용자가 현실 전시장을 방문했을 때 다양한 혜택을 제공해주기도 한다. 이

메타버스 전시 및 컨벤션 플랫폼에서의 성장형 아바타 시스템 예시

러한 성장형 아바타 시스템은 '메타버스 공간 안에서의 성장·육성'이라는 재미 요소를 통해 사용자의 지속적인 활동과 방문구조를 형성하며, 실제 전시장을 방문하는 오프라인 활동을 유도한다는 장점이 있다. 이러한 시스템을 다양한 메타버스 서비스에 적용할 수 있으며, 사용자의 적극적인 행동으로 아바타가 성장할 수 있다. 이를 통해 타 사용자

의 아바타와 차별화되는 본인만의 아바타를 만들 수 있다는 점에서 기존 꾸미기 위주의 아바타 시스템과 차별화된 재미와 몰입감을 느낄 수 있다. 이러한 성장형 아바타 시스템이 적용된 메타버스 운동 플랫폼이 만들어진다면 실제 현실에서 사용자의 운동 데이터, 예를 들어 운동 지속 시간이나 걸음 수 등이 메타버스 공간에서 아바타의 능력치와 외형에 영향을 줄 것이다. 이를 통해 더 강한 아바타를 만들어, 메타버스 내의 다양한 게임에서 내 아바타가 두각을 나타낼 수 있다면, 그 어떤 자극보다 실제로 운동을 자주, 그리고 더 많이 하도록 동기를 부여할 수 있을 것이다.

META

04

초실감 메타버스의 미래

초실감 메타버스는 현실의 움직임이 그대로 가상현실에 구현되고, 가상현실에서의 경험이 다양한 햅틱 디바이스들을 통해 현실로 전달되는 가상현실을 의미한다. 상호작용 측면에서는 네오스 VR 등에서 보여줬던, 컨트롤러를 이용한 상호작용에서 더 발전하여, 몸 전체의 움직임이 반영되는 풀 바디 트래킹(Full Body Tracking)까지 가능하다. 즉 가상현실에서 체험한 여러 경험을 현재의 시청각적인 정보 전달 방식을 넘어 촉감, 후각, 더 나아가 미각까지 전달할 수 있는 형태를 의미한다. 촉감의 경우, 앞에서 이야기한 것처럼 다양한 연구들이 진행되었고 상용화에 성공한 케이스도 많다. 디지털적으로 후각과 미각을 재현하려는 연구들이 활발하게 진행 중이다. 후각과 미각 경험까지 전달할 수 있는 상용화된 초실감 메타버스가 구현되기까지는 아직 시간이 좀 더 필요한 상황이지만, 촉각과 다양한 상호작용이 가능한 수준의 초실감 메타버스에 근접하고 있다.

초실감 메타버스가 제대로 구현되기 위해서는 사용자의 신체 움직임을 반영하는 상호작용 분야와 사용자에게 경험을 전달하는 시청각, 촉감, 후각, 미각 등 감각 피드백 분야가 균형 있게 구축되어야 한다. 현재 상호작용 분야는 컨트롤러를 활용하는 단계에서 트레드밀 등을 활용하여, 사용자가 이동할 때도 상호작용이 가능한 수준까지 발전했다. 트레드밀(Treadmill)은 넓은 벨트로 된 바닥을 모터로 회전시키고, 그 위를 걷거나 뛰도록 만든 장치다. 그러나 트레드밀 방식은 비용이나 설치 장소 확보 등의 문제가 있어, 이것이 대중화되려면 기술적으로 더 많이 보완되어야 한다. 가상현실에서의 경험을 현실에 전달하는 피드백 분야 중에서 촉각의 경우는 진동 등을 활용한 다양한 제품군을 이미 개발해 사용하고 있다. 장갑 형태뿐만 아니라, 슈트의 형태로 몸의 여러 부위에 진동이 전달되는 장비도 이미 쓰이고 있다. 하지만 상용화가 활발하게 진행 중인 촉감에 비해 후각과 미각 부분은 아직 연구 차원으로만 개발되고 있고, 대중화·상용화된 제품은 미비한 상황이다.

궁극적인 초실감 메타버스는 사용자의 모든 움직임이 가상세계에서 실시간으로 구현되고, 아바타를 통해 가상세계에서 겪는 모든 경험이 사용자에게 시청각, 촉각, 후각, 미각으로 전달되는 상태를 의미한다. 풀 바디 트래킹을 이용해 상호작용을 보완하고 촉각 피드백을 제대로 활용한다면, 지금보다 더 깊이 몰입할 수 있는 메타버스 환경과 콘텐츠를 제공할 수 있게 될 것이다.

1. 초실감 메타버스를 통해 구현될 새로운 교육 환경

코로나19 이후 교육 분야에서 비대면 교육으로의 전환이 본격적으로 이루어졌다. 갑작스러운 비대면 교육 전환으로 인해 초기에는 집중도와 몰입도가 저하되는 등의 문제가 꾸준히 제기되었으며, 이에 대한 대안으로 메타버스 플랫폼 기반 교육에 관한 관심이 높아지고 있다. 현재는 게더타운처럼 온라인 소통 기반 플랫폼에서 아바타를 활용하는 방식과 VR/AR을 활용한 실감미디어 기반의 체험 교육 방식이 비대면 교육에 대한 새로운 대안으로 떠오르고 있다.

특히 게더타운이나 제페토 같은 일반적인 메타버스 플랫폼, 혹은 간단한 행사 등을 위해 자체적으로 개발한 가상환경과 아바타 등을

순천향대학교 메타버스 입학식 © 순천향대학교 유튜브 채널 캡처

건국대학교 메타버스 축제 © 건국대학교 유튜브 채널 캡처

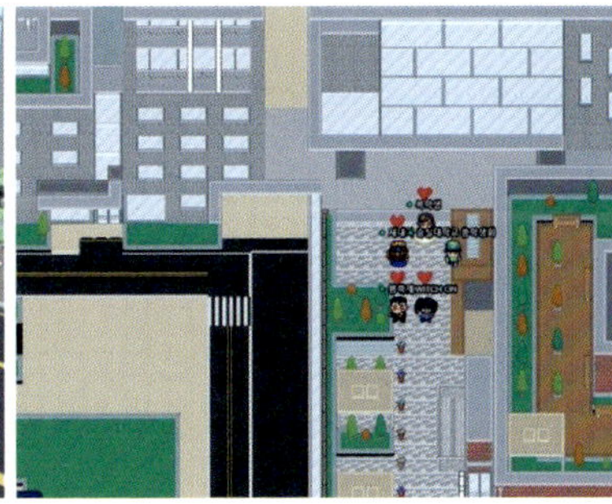

숭실대학교 게더타운을 활용한 메타버스 축제 © 숭실대학교 유튜브 채널 캡처

활용한 플랫폼을 강의나 교육 관련 행사에 활용하는 사례가 급증하고 있다.

순천향대학교는 2021년 입학식을 'SKT의 점프VR'이라는 메타버스 플랫폼을 활용하여 개최했으며, 건국대학교와 숭실대학교는 메타버스 플랫폼을 학교 축제에 활용하여 비대면 축제를 개최하기도 했다. 건국대학교는 기존의 상업 메타버스 플랫폼이 아닌, 행사를 위해 개발한 자체 플랫폼을 활용했으며, 숭실대학교는 상업 메타버스 플랫폼인 게더타운을 활용하여 축제를 진행했다.

실감미디어 콘텐츠를 교육에 활용한 사례도 있다. 경희대학교 의예과 김도경 교수의 2021학년도 1학기 수업인 '해부학' 강의에서 실감형 교육 콘텐츠를 직접 교육에 활용하기도 했다. 2020년 12월에 출범한 "첨단 테크놀로지 콘텐츠 설계 및 교육적 활용 TF"를 통해 비대면 교육을 위한 실감형 교육 콘텐츠의 활용을 고민한 결과다. 해부학에서는 인체에 대해 3차원적 사고를 하는 것이 중요한데, VR은 신체의 3차

실감형 교육 콘텐츠를 활용한 경희대학교 '해부학' 강의 © 경희대학교

원적 구조를 이해하기에 적합해 책으로 보는 것보다 훨씬 효과적이다. 인체에는 해부하기 어려운 구조물도 있는데, VR로 사전에 확인해 어떻게 해부할지 접근 방식을 고민해볼 수도 있다. 물론 실제로 인체를 해부할 때처럼 촉감이 느껴지지는 않아 기술이 더 보완되어야 할 것으로 보인다.

코로나19로 비대면 교육이 활성화되면서 대학뿐만 아니라 다양한 분야에서 실감미디어 교육 콘텐츠를 다양하게 활용하고 있다. 특히 실습이 필수인 교육 분야에서의 활용이 두드러졌는데, 실질적인 사용성 부분에서는 많은 한계를 노출하고 있는 것도 사실이다. 특히 유선 기반의 HMD를 활용하는 콘텐츠의 경우, 교육 실습 중에 빈번하게 줄 꼬임 현상 등이 발생하고 있다. 실제와 같은 동작을 활용하는 데만 초점을 맞추다 보니 불필요한 이동 등이 그대로 반영되어, 교육 콘텐츠에 집중하기보다는 가상공간에서의 아바타 동작에 더 관심을 보이는 등 흥미 위주의 사용으로 전락하기도 한다. 불필요한 상호작용 발생으로 동작이나 포지셔닝 오류가 생기기도 한다. 즉 가상공간 안에서 벽에 갇히거나 자신의 위치를 잊어버리는 현상 등으로 집중력이 떨어지거나 멀미가 발생해 교육 콘텐츠를 활용하는 시간에도 한계가 발생하고 있다.

이러한 문제를 극복하기 위해 앞으로의 메타버스 교육 플랫폼은 소통과 체험이 동시에 구현되어야 한다. 이를 위해서는 메타버스 소통 플랫폼의 장점과 실감미디어 콘텐츠의 장점이 잘 결합되어야 하고, 이미 드러난 단점들이 보완되어야 할 것이다.

메타버스 기반의 새로운 교육 플랫폼

코로나19 이후 가장 큰 변화라 할 수 있는 것은 비대면 교육이 전면적으로 시작되었다는 점이다. 특히 코로나 이전과 이후를 비교했을 때 교육 콘텐츠 광고만 보더라도, 코로나19로 비대면 교육이 전면적으로 시행되었음을 체감할 수 있다. 최근의 교육 콘텐츠 관련 광고를 보면 스마트 패드를 이용한 디지털 학습 콘텐츠 위주의 광고가 대부분이다. 학습지 대신에 패드를 사용하여 문제풀이 학습을 진행하며, VR/AR 등의 가상현실 기술을 활용하여 학습을 보조하는 다양한 학습 콘텐츠들이 기존 종이 기반의 교육 콘텐츠 시장을 빠르게 대체하고 있다.

사실 이러한 디지털 학습 콘텐츠에 관한 연구, 특히 스마트 패드를 이용하고, 가상현실 기술을 교육에 활용하는 연구는 이미 2010년대 초반에 활발하게 진행되었다. 그러나 스마트 패드의 보급률이나 패드 사용에 대한 여러 가지 우려 때문에 실질적인 사업화는 더디게 진행되었다. 코로나19 이후 비대면 교육이 활성화되면서 웹캠이나 스마트 패드가 활발하게 보급됨에 따라 이제야 상용화가 본 궤도에 올랐다고 볼 수 있다.

디지털 혹은 스마트 교육에서 스마트 패드를 활용한 교육 콘텐츠 다음 단계로 실감미디어를 활용한 체감 및 실험·실습 교육에 대한 연구가 이루어졌다. 스마트 패드 등을 활용한 교육이 약간의 상호작용이 포함된 시청각 교육이나 문제풀이, 학습 이력관리 등을 포함한 교육 콘텐츠라고 한다면, 실감미디어 기반 교육 콘텐츠는 여기서 더 나아가 가상의 체험이나 실습·실험 교육을 포함한다. 이 분야 역시 스마트 교육 콘텐츠 시장이 활성화된 이후에 다양한 연구가 진행됐으나, 성공적으로 상용화된 사례는 없었다. 하지만 코로나19 이후 특히 실험이나 실습 교육 같은 경우는 비대면 교육으로 진행하기에 한계가 있음이 지적됐다. 스마트 교육이 코로나19 이후에 빠르게 상용화된 것처럼 실감미디어 기반 체감, 실험·실습 교육도 곧 상용화될 것이라는 기대가 커지고 있으나, 사용성이나 실제 교육의 효율성·효과에 있어서 많은 보완이 필요한 상황이다.

미래의 새로운 교육 환경으로 스마트 교육과 그다음 세대의 실감미디어 교육을 언급한 이유는 메타버스 기반 교육 플랫폼이 나아가야 할 방향성이 정교하고 다양한 상호작용을 포함한 초실감 메타버스를 기반으로 하기 때문이다. 현재 메타버스 교육으로 총칭되는 콘텐츠들은 일반적인 비대면 화상강의에서 나타나는 몰입과 소통의 한계를 극복하기 위해 소통 기반의 메타버스 플랫폼을 활용하는 콘텐츠들을 의미한다. 이는 상업용 메타버스 플랫폼에서 교수자, 학습자 모두 아바타를 제작하고, 이를 통해 메타버스 공간 안에서 소통함으로써 비대면 교육 콘텐츠에 대한 몰입도를 높이고 상호 간 소통을 높이는 방법으로 활용되고 있다. 즉 제페토나 게더타운 같은 메타버스 플랫폼에서 각자의 아바타를 제작해서 모인 후 가상공간 안에서 강의 자료를 공유하며 수업을 진행하는 방식이다. 비대면 교육에 많은 사람이 즐겁게 이용하는 메타버스를 활용하면 교육에 대한 몰입도와 소통도 나아질 것이라는 가정하에 다양한 시도들이 진행되고 있지만, 진정한 메타버스 교육을 실현하는 데는 분명 한계가 있다.

결국, 소통과 현실세계의 확장이라는 메타버스의 콘셉트를 교육에 제대로 활용하기 위해서는 교육 전문 메타버스 플랫폼이 있어야 한다. 교육 전문 메타버스 플랫폼에서 가장 중요한 것이 바로 초실감 기술이다. 단순히 아바타만을 생성해 활용하는 것이 아니라, 아바타의 움직임이 교수자나 학습자와의 능동적인 상호작용을 반영해야 한다. 즉 복잡하지 않고 간단한 센싱을 통해 교수자나 학습자의 동작이나 표정 등이 인식되고, 이것들이 아바타를 통해 표현될 수 있어야 한다. 현재의 VR 기반 체험을 넘어, 사용자가 아바타를 통해 가상현실에서 만지고 느끼는 것들이 햅틱 피드백을 통해 현실의 사용자에게 다양한 차원의 진동 등의 형태로 전달되어 실재감을 높여주어야 한다. 따라서 메타버스 교육 플랫폼은 VR/AR/MR/XR 같은 가상현실 기술과 햅틱 피드백, 상호작용, 그리고 지속적이고 자발적인 몰입을 위해서 게이미

PC 기반의 메타버스 교육 콘텐츠의 예

HMD 기반의 메타버스 교육 콘텐츠의 예

피케이션 요소가 반영된 콘텐츠가 융합된 형태로 볼 수 있다. 이를 위해 일반적인 모니터 기반의 가상현실 기술을 활용하거나, HMD 기반의 VR 기술이나 AR 기술 혹은 벽면이나 바닥에 프로젝터를 이용하여 이미지를 매핑하는 방식으로 가상현실 기술 등이 활용되기도 한다. 교육 목적의 차이에 따라 사용되는 가상현실 기술이 달라지는 것이다.

교육 목적에 따라 활용되는 가상현실 기술이나 상호작용 방식이 달리 설계되어야 하나, 특정 교육에 어떠한 가상현실 또는 상호작용 방식이 최적화된 것인지에 대해서는 더 많은 연구가 이루어져야 한다. 메타버스 교육 플랫폼에 가장 적합한 결과물이 나오려면 다양한 교육 목적에 따른 콘텐츠의 사용성 등을 평가해야 한다. 이를 통해 교육 목적별, 수준별, 사용자에 따른 가장 적합한 가상현실 방법론과 상호작용 방법론에 관한 연구가 반드시 선행되어야 한다.

메타버스 교육을 위한 가상현실 기술에 활용되는 상호작용에 대한 최적화된 모델이 아직은 부실한 상황이다. 사용성 평가라는 관점에서도 이를 정량화하여 측정할 수 있는 기술에 관한 연구가 거의 이루어지지 않았다. 초실감 메타버스 기반의 교육, 훈련 콘텐츠의 몰입감을 높이거나 효율성을 향상하기 위한 연구는 필수적이며, 학습관리 시스템(LMS)과 연동해 정량화된 데이터를 도출할 수 있어야 한다. 이를 통해 학습 본연의 목적과 학습자에 최적화된 상호작용 모델이 적용된 콘텐츠를 제공할 수 있게 될 것이다.

우리가 꿈꾸는 진정한 메타버스 교육 플랫폼이 실현되려면 정성적인 실감미디어 콘텐츠를 기반으로 한 상호작용 사용성 평가 연구를 진행해야 한다. 이러한 정성적인 사용성 평가는 정밀한 모션 캡처를 기반으로 상호작용의 정확도와 활용되는 동작의 유의미성을 분석하고, 영상분석 방법을 이용해 사용자의 행동과 표정을 분석해야 한다. 뿐만 아니라 만족도에 대한 조사도 이뤄져야 한다. 심박 수, 시선, EEG (Electro Encephalo Gram) 등을 활용하고, 정확한 수치를 기반으로 사용성에 대한 평가가 이뤄져야 한다.

2. 인공지능 시대의 메타버스 윤리

앞에서 이야기했듯이, 메타버스 플랫폼은 갑자기 등장한 것이 아니다. 2000년대 초반에 이미 1세대 메타버스 플랫폼들이 등장했다. 메타버스라는 용어로 해당 플랫폼을 지칭했던 것은 아니지만 지금의 메타버스 정의에 부합하는 플랫폼들이 존재했고, 대중적으로도 인기가 있었던 것은 분명하다. 하지만 사실 1세대 메타버스 플랫폼의 존재와 대중적 인지도 여부보다 중요한 문제는 어째서 1세대 메타버스 플랫폼이 처음과 같은 인지도와 영향력을 지금까지 유지하지 못했느냐는 것이다.

세컨드 라이프로 대표되는 1세대 메타버스 플랫폼은 플랫폼 내에서 완전한 자유가 보장되어 있었다. 즉 플랫폼 내에서 행동의 제약이 없다 보니, 아바타를 이용한 모든 행위가 허용되었다. 여기에는 성적인 행위도 포함된다. 자유라는 것은 조금만 달리 해석하면 통제와 제어가 없음을 의미한다. 통제와 제어가 부재했기에 플랫폼 내에서 사용자들의 행동은 자유라는 명목하에 현대사회의 일반적 통념인 콘텐츠 등급의 한계를 넘어버렸다. 즉 성인 사용자 전용으로 보더라도 상당히 하드코어한 부분까지 넘나들게 되었다. 결국, 사용 가능한 사용자의 대상이 극히 제한될 수밖에 없었고, 일반 성인을 포함한 많은 사용자들이 사용을 꺼리게 되었다. 이외에 가상공간에서 쉽게 일어날 수 있는 성범죄, 폭력, 불법거래, 사기, 딥페이크(특정 인물의 얼굴 등을 인공지능 기술을 이용해 특정 영상에 합성한 편집물), 가상세계의 저작권, 자동 수집된 정보로 인한 개인정보 유출 등도 문제가 되고 있다.

어느 정도의 제어와 통제를 벗어난 플랫폼이나 콘텐츠의 폐해는 일부 2세대 메타버스 플랫폼에서도 볼 수 있다. 어린아이부터 성인까지 아바타를 통해 접속할 수 있고, 메타버스 콘셉트 자체가 현실에서의 행동을 그대로 가상현실로 옮기는 것이다 보니, 일부 몰지각한 사용자들이 어린 사용자들에게 비정상적인 행위를 하는 모습이 많이 목격된다. 메타버스 플랫폼 관리자들이 심한 욕설, 인종차별, 아바타를 이용한 폭력행사, 성적인 행동 등 비정상적인 행위들을 감시하고 제재한다고는 하지만, 광범위한 메타버스 플랫폼 내에서 모든 사용자의 행동을 24시간 내내 모니터링하는 것은 현실적으로 불가능하다. 일각에서는 이러한 '감시'가 메타버스의 본래 취지에 어긋난다고 보는 견해도 있다. 하지만 현실 사회를 유지하기 위해 제어와 통제가 필요하듯 가상현실인 메타버스 내에서도 어느 정도의 제어는 필요하다.

메타버스는 모든 연령층이 사용하는 플랫폼이다. 문화별 차이는 있지만, 현실에서도 콘텐츠에 대한 이용 등급이 정해져 있고, 이에 따라 적정 연령층을 위한 콘텐츠 등급이 존재한다. 세부적인 차이는 있지만, 크게 전체 이용가, 청소년 이용가, 성인 전용으로 나뉜다. 현실 사회에서 미성년자들이 법 제도를 통해 보호받듯, 메타버스라는 가상세계에서도 보호받아야 한다. 결국, 메타버스가 안정적으로 정착하려면 가상세계에서 윤리와 안전성에 대한 관리가 체계적으로 이루어져야 한다. 윤리와 안전을 위한 통제가 콘텐츠의 다양성을 제한한다고 볼 수도 있으나, 1세대 메타버스 플랫폼의 실패에서 볼 수 있듯이, 이러한 제어 장치의 존재가 메타버스 플랫폼이 발전하는 데 매우 중요한 역할을 한다.

메타버스 플랫폼에서의 윤리와 안전은 우리가 게임 콘텐츠 등급에서 흔히 볼 수 있는 가이드와 유사하게 접근할 수 있다. 현재 대한민국에서 게임물의 등급은 게임물관리위원회에서 결정하는데, 게임물관리위원회의 콘텐츠 등급 분류 세부 항목은 선정성, 반사회성, 언어, 사행성, 폭력성, 공포 등이다. 이러한 등급 분류 세부 항목은 나라별·문화별 기준 및 판단 정도의 차이는 있지만, 거의 동일한 항목이 사용되고 있다. 이 기준은 메타버스 플랫폼에도 동일하게 적용될 수 있다.

게임물관리위원회의 등급 분류

구분	전체 이용가	12세 이상 이용가	15세 이상 이용가	청소년 이용 불가	등급 분류 거부
선정성	해당 사항 없음	성적 욕구를 자극하지 않음	여성의 가슴과 둔부가 묘사되나 선정적이지 않은 경우	선정적인 노출이 직접적이고 구체적으로 묘사됨	선정적인 노출이 청소년 이용 불가 등급보다 심각하게 묘사됨
폭력성 및 공포	해당 사항 없음 / 폭력적 요소 매우 경미	폭력을 주제로 하나 표현이 경미한 경우	폭력을 주제로 하며 선혈, 신체 훼손이 비사실적임	폭력을 주제로 하며 신혈, 신체 훼손이 사실적임	폭력 수위와 선혈, 신체훼손이 청소년 이용 불가 등급보다 심각하게 높음
반사회성	해당 사항 없음	반사회적 내용이 있으나 표현이 매우 약함	반사회적 내용이 있으나 표현이 경미	범죄행위나 마약 등 반사회적 행동 조장	반사회적 요소가 청소년 이용 불가 등급보다 심각하게 높음
언어	해당 사항 없음	저속어, 비속어가 있으나 표현이 매우 약함	저속어, 비속어가 있으나 표현이 경미	언어 표현이 청소년에게 유해하다고 인정되는 경우	언어 표현이 청소년 이용 불가 등급보다 극도로 유해한 경우
사행성	해당 사항 없음	사행적 요소가 다소 있지만 매우 약함	사행적 요소가 다소 있지만 경미한 경우	사행성이 높은 행위를 유발하는 경우	사행성이 청소년 이용 불가 등급보다 극도로 높은 행위를 유발하는 경우

© 위키백과

중장년층 아바타 예시 © 경희대학교

다만 메타버스라는 것이 콘텐츠처럼 완성되고 확정된 형태가 아니고 가상세계 내에서 사용자들의 상호작용에 따라 자유롭게 발생하는 것이기 때문에 일반 콘텐츠 등급과는 다르게 접근해야 한다. 가장 현실화 가능한 등급 구분으로, 아바타를 생성할 때 본인 인증을 통해 현실 연령을 반영하는 것이 첫 단계이다. 아바타 생성 시 입력된 연령에 따라 아바타의 외형 자체가 구분되는 것이다. 어린이, 청소년, 성인의 3단계로 외형이 구분되고, 사용자가 실제로 나이를 먹었을 때 다음 단계의 아바타로 진화할 수 있도록 설정된다면, '연령이 반영되는 아바타'라는 그 자체로써 '라이프로깅의 반영'이라는 메타버스의 방향과도 부합할 것이다. 연령별로 아바타의 모습에 차이를 둔다면, 연령층별 트렌드에 따른 아바타 디자인 유형을 따로 운영할 수도 있을 것이다. 예를 들어, 2세대 메타버스에서는 MZ 세대를 타깃으로 한 귀여운 느낌의 아바타 디자인이 대부분인데, 이러한 유형의 디자인은 중장년

© 이프랜드

층이 활용하기에는 조금 낯설 수도 있다. 따라서 연령별로 아바타 스타일이 분리된다면, 상업적인 측면에서 다양한 세대의 유입이 가능해질 것이다.

두 번째는 가상세계 내에서 등급별 구역을 따로 관리하여, 활용할 수 있는 행동이나 콘텐츠 자체를 아예 사전에 통제하는 방법이 가장 합리적이다. 즉 성인 전용 구역은 성인 사용자만 입장할 수 있어야 하며, 콘텐츠나 아바타 행위의 제약이 가장 적다. 물론 극단적인 행위들은 현실과 마찬가지로 제한되어야 하지만, 사용 통념상 일반적으로 성인용 콘텐츠에서 사용 가능한 범위까지는 허용되는 공간이다. 청소년 전용 공간은 성인 전용 공간보다는 콘텐츠나 행동의 제약이 존재한다. 성적이거나, 범죄나 약물에 악용될 수 있는 콘텐츠들은 통제되어야 한다. 전체 이용 공간은 모든 연령이 사용하는 만큼 언어부터 행동까지 가장 타이트한 가이드라인 안에서 규제되어야 한다. 활동 공간이 나눠고, 공간별로 콘텐츠나 행동, 그리고 언어 사용에 제약이 있다면, 자연스럽게 연령별 운영이 가능해질 것이다. 1세대 메타버스 플랫폼부터 현재의 메타버스까지 지속해서 문제가 되는 행동 역시 어느 정도 통제할 수 있을 것으로 생각된다.

물론 이러한 공간 분리만으로 모든 이상 행위를 통제하기란 불가능하다. 따라서 관리자가 직접 현장에서 경찰과 같은 역할을 할 필요가 있다. 현재는 실제 관리자들이 직접 메타버스 플랫폼 내에서 이상 행위들을 감시하는 것으로 알려져 있는데, 현실적으로 모든 메타버스 플랫폼을 모니터링하는 것은 불가능하다. 하지만 최근 AI와 딥러닝이 빠르게 발전하면서 AI 관리자의 활용 가능성이 커지고 있다. 따라서 NPC의 형태로 메타버스 플랫폼 내에 배치된 AI 경찰들이 기본적으로 입력된 이상 행동들을 감시하고, 지속적인 학습을 통해 NPC가 성장한다면, 지금처럼 소수의 관리자를 통해 제어하는 것보다는 더욱 효율적으로 활용할 수 있을 것이다.

이는 마치 우리가 SF 영화를 통해 공포의 대상으로 인지했던 AI 감시자처럼(결국에는 인간을 적으로 돌리는) 보일 수도 있다. 하지만 윤리/안전 가이드 데이터에 기반한 모니터링 역할만 AI가 대신하고, 이에 대한 제재에 관한 판단을 관리자가 최종적으로 내린다면 오류를 줄여나갈 수 있을 것이다.

이처럼 과학기술을 통한 측정을 기반으로 인간이 판단하는 융합 모델의 예로 축구, 배구, 테니스 등 여러 스포츠에 이미 활용되고 있는 VAR(카메라가 찍은 영상으로 경기 과정을 판독하는 시스템)을 들 수 있다. 메타버스 플랫폼 내에서도 AI를 통한 모니터링을 기반으로 인간 관리자가 이를 최종 판단하는 일종의 VAR 시스템, 즉 윤리/안전 관리 시스템으로 활용할 수 있다.

모든 시스템이 완벽할 수는 없다. 우리가 현실에서 법 제도 내에서 서로를 배려하며 사회를 유지하듯이, 가상세계인 메타버스에서도 기본적인 시스템 내에서 다른 사용자를 배려한다면, 1세대 메타버스의 한계를 넘어 모든 사용자가 행복하게 활동하는 진정한 메타버스 세상이 실현될 것으로 기대된다.

참고문헌

[저서 및 논문]

김상균, 『게임 인류 메타버스 시대, 게임 지능을 장착하라』, 몽스북, 2021.

황경화·정주연·권오병, "가상세계형 메타버스 지속방문의도에 영향을 미치는 요인 연구: 가상세계 메타버스를 중심으로", 한국콘텐츠학회, 2021.

"A Hybrid Approach to Industrial Augmented Reality UsingDeep Learning-Based Facility Segmentation and Depth Prediction, 2021".

Abtahi et al., "Visuo-Haptic Illusions for Improving the Perceived Performance of Shape Displays," ACM CHI, 2018.

Benedikt Grothe, Michael Pecka, and David McAlpine, "Mechanisms of Sound Localization in Mammals," Physiological Reviews, 2010, 90: 3.

Choi, E., A Study on Business model of through Second life. In Proceedings of the Korea Contents Association Conference, The Korea Contents Association, 2008.

Dangxiao WANG, Yuan GUO, Shiyi LIU, Yuru ZHANG, Weiliang XU, Jing XIAO, Haptic Display for Virtual Reality: Progress and Challenges, Virtual Reality & Intelligent Hardware, Volume 1, Issue 2, 2019.

Dressler, Dirk, Saberi, FereshteAdib, & Barbosa, EgbertoReis, Botulinum toxin: mechanisms of action, Arquivosde Neuro-Psiquiatria, 63(1), 2005.

E. B. Goldstein, Sensation and Perception, 7th ED., Thomson Wadsworth, 2007.

Kalantari et al., "Determining the Haptic Feedback Position for Optimizing the Targeting Performance on Ultrasonic Tactile Displays," IEEE Haptics Symposium, 2018.

Mel Slater, "Measuring presence: A response to the Witmer and Singer presence questionnaire", 1999.

Mel Slater, "Presence in immersive virtual environments", 1993.

Pinto Salamanca, María Luisa; Navarro, José María; Jorge Sofrony Esmeral. Ingeniería e Investigación; Bogota, Vol. 31, Iss. 1, 2011. Analysing collision detection in a virtual environment for haptic applications in surgery.

Texture Display Mouse: Vibrotactile Pattern and Roughness Display, IEEE/ASME Transaction on Mechatronics, Vol. 12(3), 2007.

V. Hayward and K. E. Maclean, "Do it yourself haptics: part I," in IEEE Robotics & Automation Magazine, Vol. 14, No. 4, Dec. 2007.

Weinstein, S., Intensive and extensive aspects of tactile sensitivity as a function of body part, sex and laterality. In The Skin Senses, D.R. Kenshalo, ed.(Thomas, Springfield, Illinois), 1968.

[참고 사이트]

http://dotwatchshop.com
http://vr.mkeblx.net/oculus-sim
http://www.hellodd.com
http://www.metaverseroadmap.org/overview/index.html
http://www.onlifezone.com/gamer_talk/14350460
https://arxiv.org
https://ccrma.stanford.edu/courses/250a-fall-2003/hw5.html
https://earth2.io
https://en.wikipedia.org/wiki/Polygon_mesh
https://eyesee-research.com
https://forum.huawei.com/enterprise/en/what-is-the-doppler-effect/thread/510221-100305
https://medium.com/@avimair/cognition-and-perception-in-hci-e134e3b4401f
https://medium.com/syncedreview
https://patent.nweon.com/9599
https://uploadvr.com/kopin-all-plastic-pancake-optics
https://virtualrealitypop.com/virtual-insanity-making-investor-sense-of-virtual-augmented-reality-3f38ac7de3af
https://www.festo.com/cms/no_corp/13529.htm
https://www.fischer.group
https://www.fujitsu.com/global/about/resources/news/press-releases/2014/0224-01.html
https://www.ijltet.org/journal/152333242314.pdf
https://www.inven.co.kr/webzine/news/?news=54420
https://www.researchgate.net/publication/315634232_Vibro-tactile_Actuator_for_Smart_Wear_Applications_Using_Piezoelectric_Ceramic_Transducers
https://www.roblox.com
https://www.theverge.com/2018/8/14/17670304/virtual-reality-surgery-training-haptic-feedback-fundamentalvr
https://www.unrealengine.com
https://www.youtube.com/watch?v=7d59O6cfaM0

오감 만족 XR 기술이 펼치는 새로운 세상

메타버스의 미래, 초실감 기술

초판 1쇄 발행 2022년 7월 5일
초판 2쇄 발행 2024년 6월 25일

지은이 우탁, 전석희, 강형엽
펴낸이 김진상
책임 편집 최정미
디자인 김민경

펴낸곳 경희대학교 출판문화원
주소 서울시 동대문구 경희대로 26
전화 02-961-0106~8
팩스 02-961-0291
설립 1960년 9월 16일 제5-8호
등록 1977년 11월 8일 제6-5호
홈페이지 www.khupress.com
전자우편 press@khu.ac.kr

ISBN 978-89-8222-722-6 03500